IMPRESS NextPublishing

技術の泉シリーズ

Remix×Firebaseで始める

生成AI アプリ開発

広上 將人 著

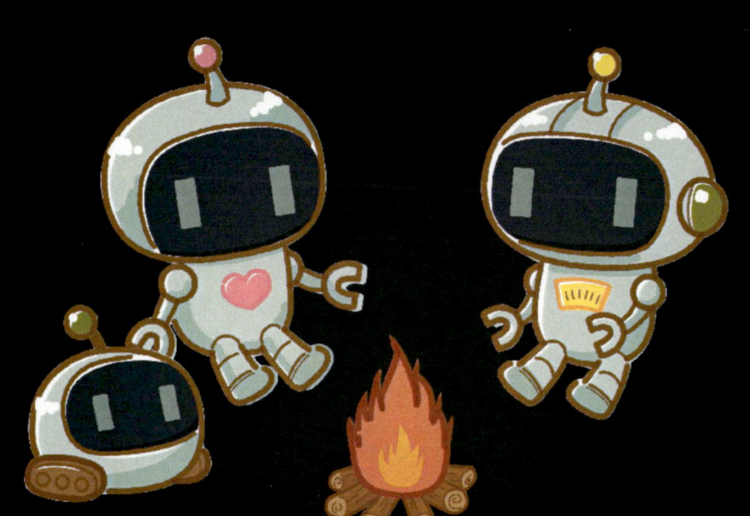

Firebaseと生成AIの最前線に挑戦しよう!

技術の泉 SERIES

インプレス

目次

はじめに

本書はFireStarterの第四弾になります。

第三段までは「持続可能なFirebaseプロジェクトを目指して」シリーズということで、Firebaseアプリ開発における私たちなりのノウハウを言語化した内容になっています。

第四段は持続可能なFirebaseプロジェクト開発の流れは踏襲しつつも、新しい技術を積極的に採用し、かつ、より実用的なサンプルアプリ開発を通じてFirebase、さらには生成AIにまで入門してしまおうというチャレンジングな内容となっています。

本書で開発するサンプルアプリは、複数の生成AIとWeb上でチャットできる生成AIチャットアプリです。

サンプルアプリといっても、私が日々使用している自作の生成AIアプリをそのまま本書向けにサンプルアプリ化したものですので、本書を参考にアプリを作っていけば、実用的なマイ生成AIアプリが爆誕していると思います。

本書で取り上げている生成AIはGoogleのGemini ProとOpenAIのGPTですが、AnthropicのClaude等、ほかの生成AIと連携する方法も基本的には同じです。また、LangChainを使って生成AIと連携する場合も基本的な考え方は同じですので、本書を足がかりによい生成AIライフを送っていただければ幸いです。

なお、サンプルアプリのフレームワークとして、個人的にFirebase業界最注目のRemix SPAモードを採用しています。

サンプルアプリを開発する中で、私自身あらためて、FirebaseとRemix SPAモードの相性のよさを実感できたので、本書を通じて読者の方にもぜひ相性のよさを実感していただきたいと考えています。

サンプルコード

本書で作成するアプリのサンプルコードを以下のリポジトリーで公開しています。

https://github.com/SonicGarden/ai-chat-sample

章ごとのコードの差分をPRにしてありますので、読み進める際の参考にしていただければ幸いです。

第2章 Remixアプリ（SPAモード）をFirebase Hostingにデプロイする

https://github.com/SonicGarden/ai-chat-sample/pull/1

第3章 開発環境を整える
https://github.com/SonicGarden/ai-chat-sample/pull/2

第4章 Cloud Functionsの開発環境を整える
https://github.com/SonicGarden/ai-chat-sample/pull/3

第5章 ローカルパッケージを作成する
https://github.com/SonicGarden/ai-chat-sample/pull/4

第6章 アプリにデフォルトレイアウトを適用する
https://github.com/SonicGarden/ai-chat-sample/pull/5

第7章 認証機能をつける
https://github.com/SonicGarden/ai-chat-sample/pull/6

第8章 Cloud Firestoreのデータ設計をする
https://github.com/SonicGarden/ai-chat-sample/pull/7

第9章 UIを作成する
https://github.com/SonicGarden/ai-chat-sample/pull/8

第10章 Gemini Proと連携する
https://github.com/SonicGarden/ai-chat-sample/pull/9

第11章 UXを改善する
https://github.com/SonicGarden/ai-chat-sample/pull/10

第12章 GPTと連携する
https://github.com/SonicGarden/ai-chat-sample/pull/11

第13章 RAG
https://github.com/SonicGarden/ai-chat-sample/pull/12

サンプルアプリの各ワークスペースで使用しているパッケージのバージョンは、以下の通りです。

生成AI関連のライブラリーは非常に更新スピードが早く非互換も発生しやすいので、本書を参考にアプリを作成していく中でうまく動かないといった現象は、多々発生すると思います。

本書執筆中にも新しいバージョンのライブラリーが公開されて、非互換で動かなくなって書き直すというつらい思いを何度も経験しました。

アプリがうまく動かない場合は、パッケージのバージョンを合わせることで解決するかもしれませんので、参考にしていただければ幸いです。

Node.js

```
Node.js: 20.12.2
```

services/webで利用しているNPMパッケージ

```
"@local/shared": "workspace:^",
"@mantine/core": "^7.8.0",
"@mantine/form": "^7.8.0",
"@mantine/hooks": "^7.8.0",
"@mantine/modals": "^7.8.0",
"@mantine/notifications": "^7.8.0",
"@remix-run/node": "^2.8.1",
"@remix-run/react": "^2.8.1",
"@tabler/icons-react": "^3.2.0",
"firebase": "^10.11.0",
"react": "^18.2.0",
"react-dom": "^18.2.0",
"react-markdown": "^9.0.1",
"react-use": "^17.5.0",
"reactfire": "^4.2.3",
"@remix-run/dev": "^2.8.1",
"@types/react": "^18.2.20",
"@types/react-dom": "^18.2.7",
"@typescript-eslint/eslint-plugin": "^6.7.4",
"@typescript-eslint/parser": "^6.7.4",
"eslint": "^8.38.0",
"eslint-config-prettier": "^9.1.0",
"eslint-import-resolver-typescript": "^3.6.1",
"eslint-plugin-import": "^2.28.1",
"eslint-plugin-jsx-a11y": "^6.7.1",
"eslint-plugin-react": "^7.33.2",
"eslint-plugin-react-hooks": "^4.6.0",
"postcss": "^8.4.38",
"postcss-preset-mantine": "^1.14.4",
"postcss-simple-vars": "^7.0.1",
"prettier": "^3.2.5",
"stylelint": "^16.3.1",
"stylelint-config-recess-order": "^5.0.1",
```

```
"stylelint-config-standard": "^36.0.0",
"stylelint-order": "^6.0.4",
"typescript": "^5.1.6",
"vite": "^5.1.0",
"vite-tsconfig-paths": "^4.2.1"
```

services/functionsで利用しているNPMパッケージ

```
"@google-cloud/vertexai": "^1.1.0",
"@local/shared": "workspace:^",
"dedent": "^1.5.3",
"firebase-admin": "^12.1.0",
"firebase-functions": "^4.3.1",
"lodash-es": "^4.17.21",
"openai": "^4.38.2",
"@types/lodash-es": "^4.17.12",
"@typescript-eslint/eslint-plugin": "^5.12.0",
"@typescript-eslint/parser": "^5.12.0",
"eslint": "^8.9.0",
"eslint-config-google": "^0.14.0",
"eslint-config-prettier": "^9.1.0",
"eslint-plugin-import": "^2.25.4",
"firebase-functions-test": "^3.1.0",
"prettier": "^3.2.5",
"typescript": "^4.9.0"
```

packages/sharedで使用しているNPMパッケージ

```
"@typescript-eslint/eslint-plugin": "^7.7.0",
"@typescript-eslint/parser": "^7.7.0",
"eslint": "^8.57.0",
"eslint-config-prettier": "^9.1.0",
"eslint-plugin-import": "^2.29.1",
"firebase": "^10.11.0",
"firebase-admin": "^12.1.0",
"prettier": "^3.2.5",
"typescript": "^5.4.5"
```

第1章　Firebaseプロジェクトを設定する

本章では、これから作成していくアプリをデプロイするためのFirebaseプロジェクトを設定していきます。

参考として本書を執筆した時点でのFirebaseコンソールの画面を載せてありますが、読者の方が実際にFirebaseプロジェクトを設定するタイミングでは、手順や画面構成が変わっている可能性もありますので、ご注意ください。

1.1　Firebaseプロジェクトを作成する

Firebaseコンソール（https://console.firebase.google.com）にアクセスし、Firebaseプロジェクトを作成します。

まずはFirebaseプロジェクトを追加します。

図1.1: Firebaseプロジェクトを追加

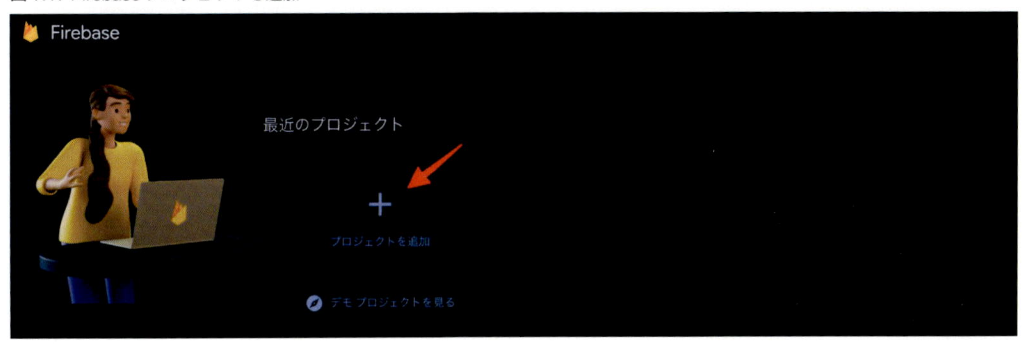

Firebaseプロジェクトのプロジェクト名を設定します。

図1.2: Firebase プロジェクト名を設定

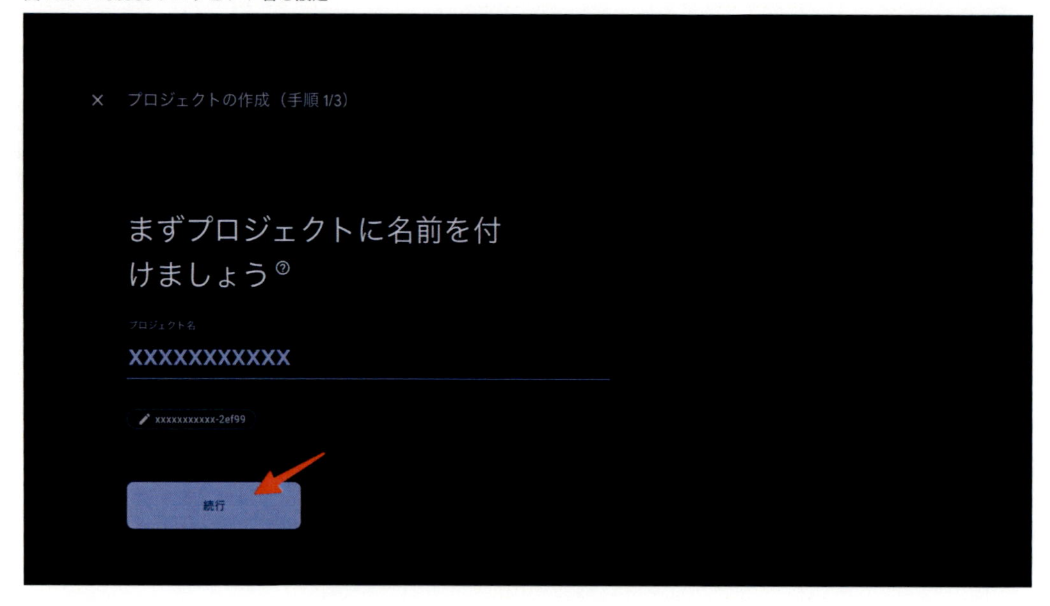

Firebase プロジェクトの Google アナリティクスを設定します。

サンプルアプリでは Google アナリティクスは必要ないので、無効にしています。Google アナリティクスを試してみたい場合は、有効にしてください。

図1.3: Google アナリティクスの設定

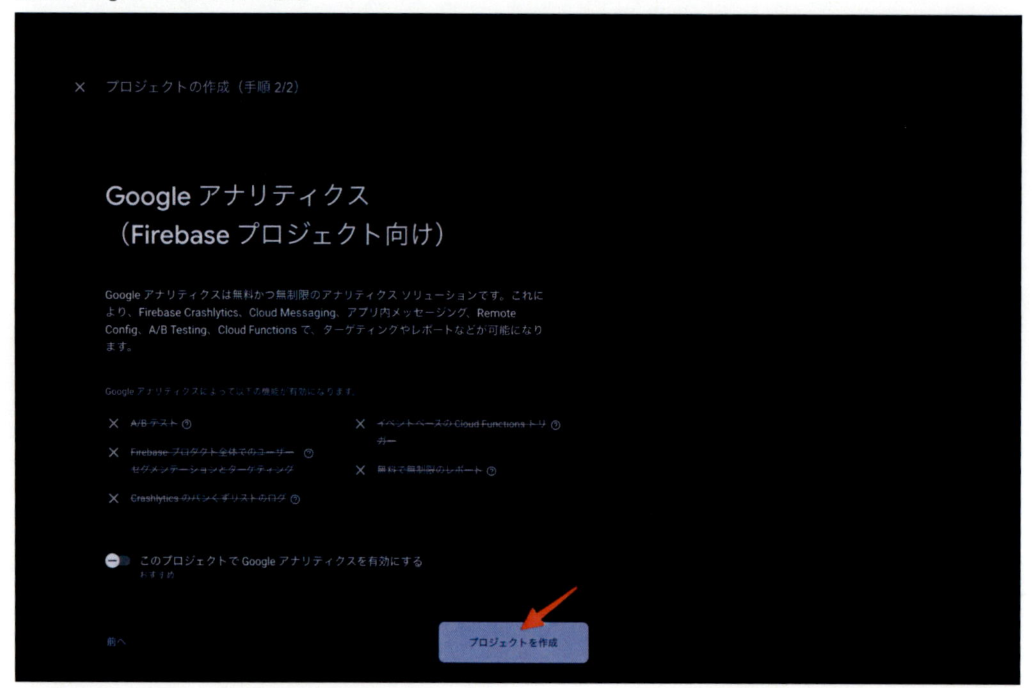

しばらく待つと、Firebase プロジェクトが完成します。

図1.4: Firebaseプロジェクト完成

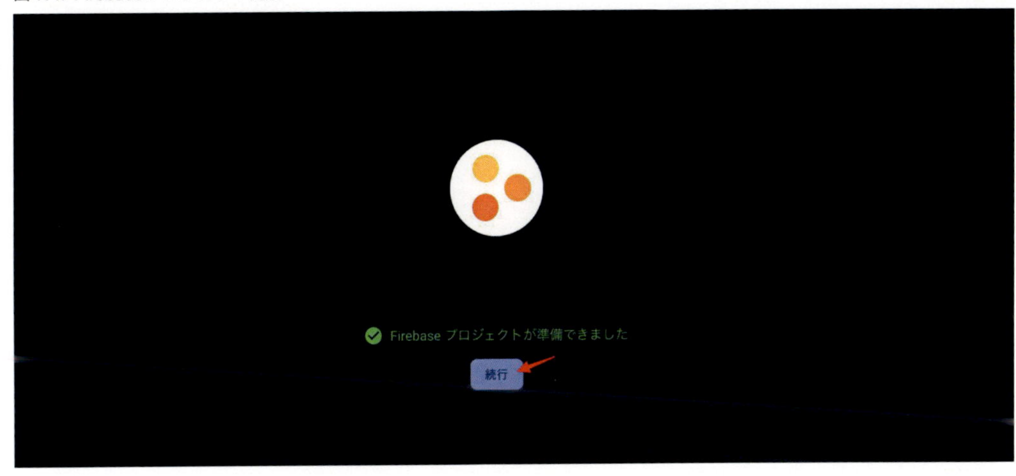

1.2 Webアプリを追加する

サンプルアプリはWebアプリなので、FirebaseプロジェクトにWebアプリを追加します。

図1.5: ウェブアプリを追加

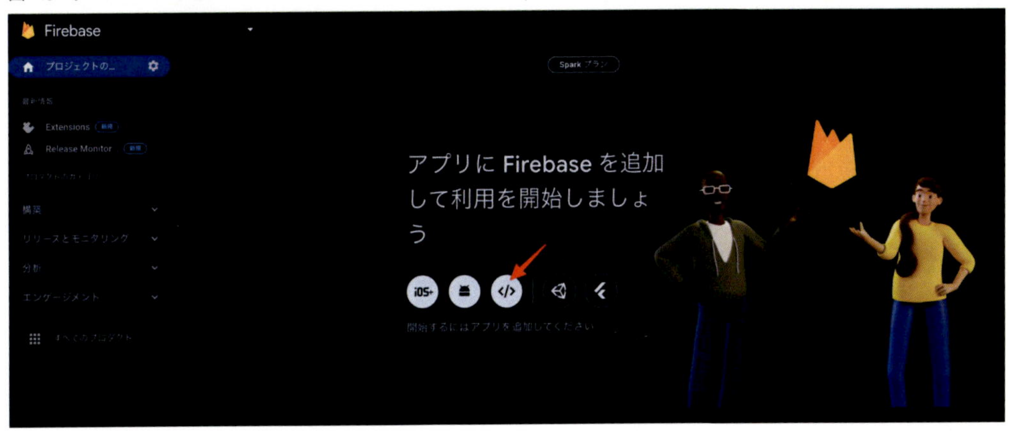

アプリを登録します。

ニックネームは何でもいいです。こだわりがなければ、Firebaseプロジェクト名をそのまま設定します。

「このアプリのFirebase Hostingも設定します」にチェックを入れます。

図 1.6: アプリの登録

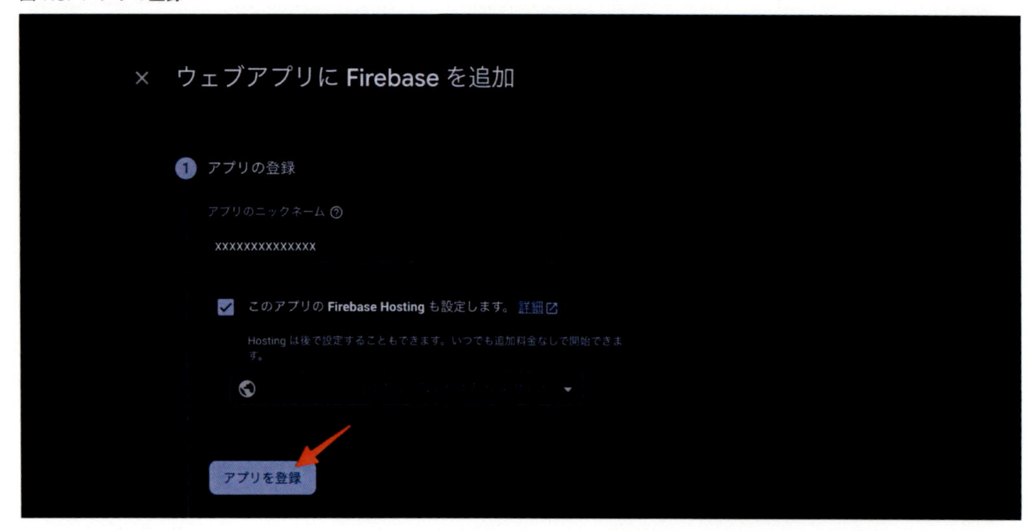

以降は画面に従い、アプリを追加していきます。

画面に表示されるコマンドは後ろの章で実行しますので、ここではFirebaseコンソール上の操作だけで問題ありません。

図 1.7: Firebase SDK の追加

図1.8: Firebase CLIのインストール

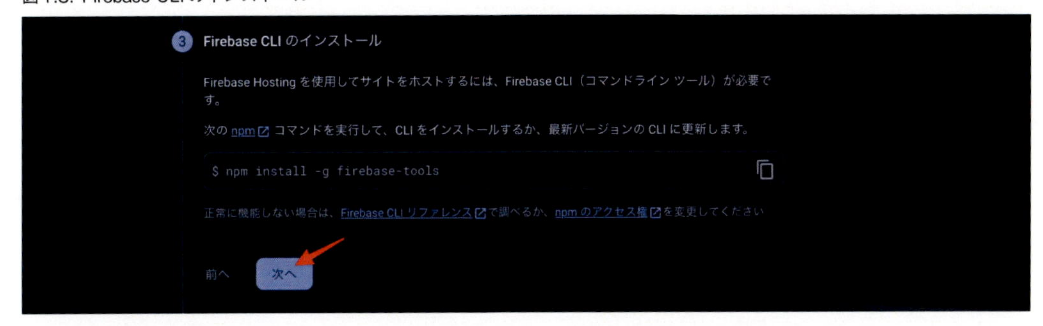

図1.9: Firebase Hostingへのデプロイ

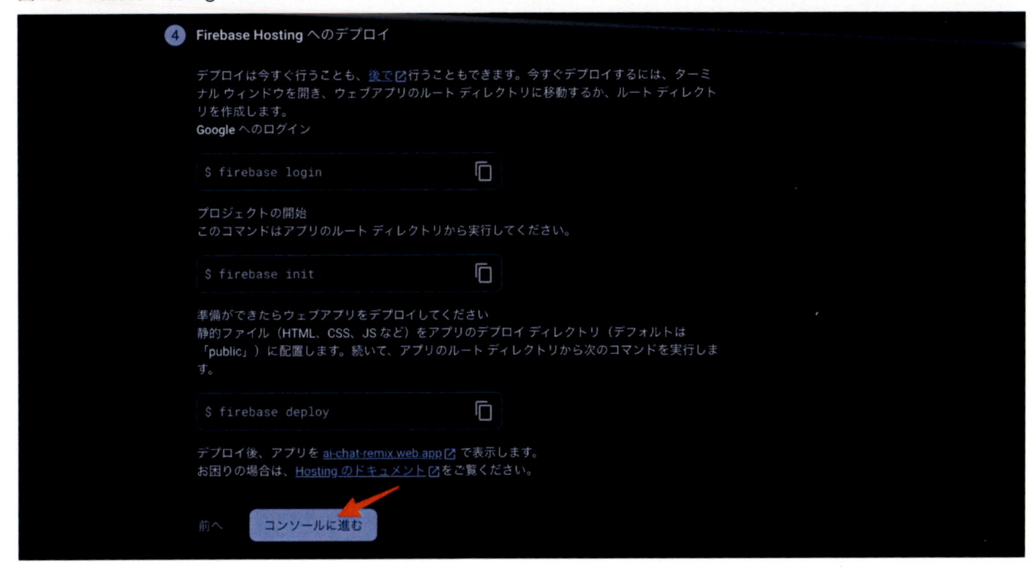

1.3　Blazeプランにアップグレードする

サンプルアプリでは、Cloud Functionsを使用します。

Sparkプランでは Cloud Functionsを使用できないので、Blazeプランにアップグレードします。

図1.10: アップグレードをクリック

Blazeプランを選択します。

図1.11: プランを選択

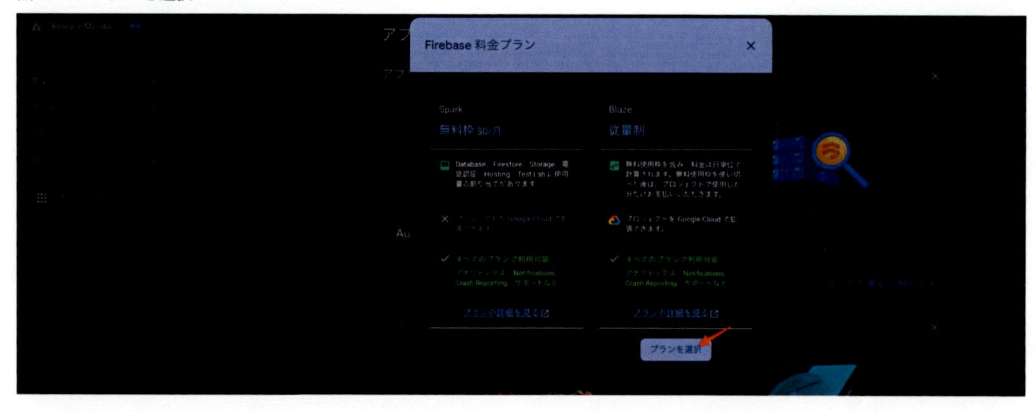

請求先アカウントを選択します。請求先アカウントが存在しない場合は作成します。

図 1.12: 請求先アカウントの選択

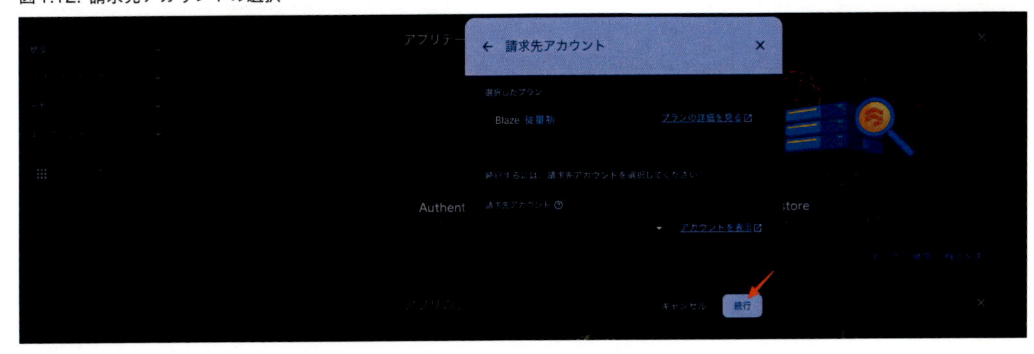

「購入」ボタンをクリックして、アップグレードを確定します。

図 1.13: 購入を確定

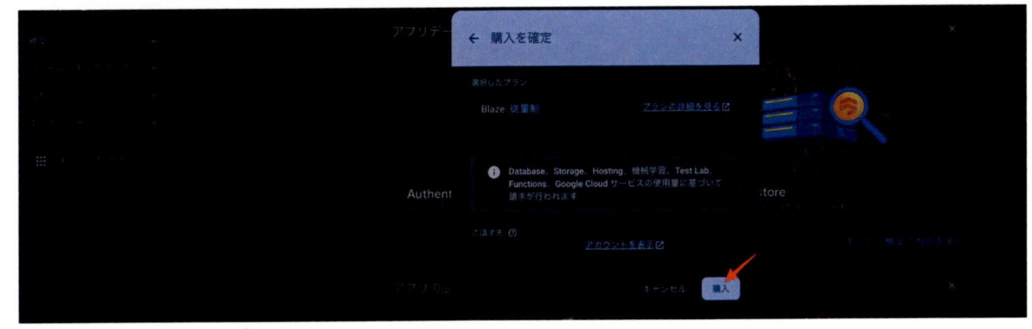

これでBlazeプランにアップグレードされ、Cloud Functionsが利用できるようになりました。

図 1.14: アップグレード完了

第2章　Remixアプリ（SPAモード）をFirebase Hostingにデプロイする

本章では、RemixアプリをSPAモードで作成し、Firebase Hostingにデプロイします。

RemixはReactベースのWebアプリを構築するためのフレームワークです。本書では、Firebase Hostingとも非常に相性のいい、RemixのSPAモードでアプリを開発していきます。

2.1　開発環境を準備する

Remixアプリを作成する前に、開発環境にNode.jsをインストールしてください。Node.jsを直接インストールしても問題はありませんが、asdfやVolta等のバージョン管理ツールを使うと1台の開発環境で複数のNode.jsバージョンを切り替えながら利用できるので、おすすめです。

Node.jsをインストールしたら、お好みのパッケージ管理ツールをインストールします。npm、yarn、pnpm等、いろいろ選択肢はありますが、本書ではpnpmを使用します。

```
npm install -g pnpm
```

2.2　ワークスペースルートを作成する

本書ではMonorepo（Monolithic Repository）構成でサンプルアプリを開発していくので、まずはワークスペースルートとなるディレクトリーを作成します。

```
mkdir {ワークスペースルート}
```

ワークスペースルートのGitリポジトリーを初期化します。

```
cd {ワークスペースルート}
git init
```

`.gitignore`ファイルを作成します。

.gitignore

```
node_modules
```

ワークスペースルートに`package.json`ファイルと`pnpm-workspace.yaml`ファイルを作成します。

package.json

```
{
  "name": "サンプルアプリ名",
  "type": "module",
  "private": true
}
```

pnpm-workspace.yaml

```
packages:
  - 'services/*'
  - 'packages/*'
```

サンプルアプリではservices配下とpackages配下のディレクトリーをワークスペースに含めるようにしています。

ワークスペース内でローカルパッケージのリンクを有効にするため、.npmrcファイルを作成します。

.npmrc

```
link-workspace-packages = deep
```

2.3 Firebaseを初期化する

ワークスペースのFirebase設定を初期化します。

2.3.1 Firebase CLIをインストールする

Firebaseの設定に必要なFirebase CLIをインストールします。

```
npm install -g firebase-tools
```

Firebase CLIをインストールしたら、アカウント認証を行います。

```
firebase login
```

firebase loginコマンドを実行したらブラウザーでGoogleアカウントの認証ページが表示されるので、Firebaseプロジェクトを作成したアカウントを選択して、認証を行ってください。

2.3.2 Firebase Hostingを初期化する

Firebase CLIの準備が整ったら、FirebaseプロジェクトのHosting機能を初期化します。

```
cd {ワークスペースルート}
firebase init hosting
```

コマンドは対話形式になっているので、適宜求められた回答を入力していきます。

```
Please select an option: Use an existing project
```

先ほど作成したFirebaseプロジェクトを使用するので、「Use an existing project」を選択します。

```
Please input the project ID you would like to use: {FirebaseプロジェクトID}
```

先ほど作成したFirebaseプロジェクトのIDを入力します。

```
Do you want to use a web framework? (experimental) (y/N): N
```

SPAアプリではWebフレームワーク対応のデプロイは使用しないので、「No」を入力します。

Webフレームワーク対応デプロイを使用するには、`firebase`コマンドで`webframeworks`を有効化する必要があるため、環境によってはWebフレームワーク対応に関するこの質問は発生しない可能性があります。

Webフレームワーク対応デプロイの詳細については、以下を参照してください。
https://firebase.google.com/docs/hosting/frameworks/frameworks-overview

```
What do you want to use as your public directory?  (public):
services/web/build/client
```

Remixアプリは`services/web`ディレクトリーに作成する予定ですので、SPAモードのRemixアプリのビルドファイルが生成される`services/web`配下の`build/client`ディレクトリーを指定します。

```
Configure as a single-page app (rewrite all urls to /index.html)? (y/N): y
```

SPAアプリなので、「Yes」を入力します。

```
Set up automatic builds and deploys with GitHub? (y/N): N
```

こちらの回答は任意ですが、サンプルアプリでは特に必要ないので、「No」を入力します。

```
Firebase initialization complete!
```

コマンドが完了したら、以下のFirebaseに関連するファイルが生成されます。

.firebaserc

```
{
  "projects": {
    "default": "{FirebaseプロジェクトID}"
  }
}
```

firebase.json

```
{
  "hosting": {
    "public": "build/client",
    "ignore": [
      "firebase.json",
      "**/.*",
      "**/node_modules/**"
    ],
    "rewrites": [
      {
        "source": "**",
        "destination": "/index.html"
      }
    ]
  }
}
```

これで、Firebase Hostingが使用可能になりました。

なお、上記ファイルと同時にservices/web/build/client/index.htmlファイルも生成されていると思いますが、こちらは不要なので削除しておきましょう。

2.3.3 Firebase関連のファイルを.gitignoreファイルに追加する

デプロイ時に生成されるファイルはGitで管理する必要がないので、除外します。

.gitignore

```
  node_modules
+
+ .firebase
+ *-debug.log
```

2.4 Remixアプリを作成する

ワークスペース内のservices/webディレクトリーにcreate-remixコマンドでRemixアプリを作成します。SPAアプリを作成する場合は、SPAモードのテンプレートを指定します。

RemixのSPAモードに関する最新の情報は、以下を参照してください。

https://remix.run/docs/en/main/future/spa-mode

```
cd {ワークスペースルート}
npx create-remix@latest --template remix-run/remix/templates/spa services/web
```

コマンドは対話形式になっているので、適宜求められた回答を入力してきます。

```
Need to install the following packages:
create-remix@x.x.x
Ok to proceed? (y)
```

create-remixのインストールを求められるので、「Enter」をクリックします。

```
git    Initialize a new git repository?
       No
```

事前にGitリポジトリーを初期化済みなので、「No」を入力します。

```
deps   Install dependencies with npm?
       No
```

pnpmを使用するので「No」を入力して、後で手動でインストールします。

```
done   That's it!
```

コマンド実行が完了したら、Remixアプリの完成です。

2.5 パッケージをインストールする

先ほどcreate-remixコマンドを実行した際に、npmによるパッケージインストールを行わなかったので、手動でパッケージをインストールします。

```
cd {ワークスペースルート}
pnpm install
```

2.6 開発環境のポート番号を変更する

RemixのSPAモードアプリの開発環境は、デフォルトでは`5173`のポート番号で起動します。このままでも問題はないのですが、今回は昔から慣れ親しんだ`3000`のポート番号に変更します。

なお、RemixのSSRモードアプリの開発環境はポート番号`3000`で起動するので、SPAからSSRへの移行も視野に入れる場合は、この時点でポート番号を`3000`に変更しておくとよいかもしれません。

services/web/vite.config.ts

```
// 略
  export default defineConfig({
    plugins: [
      // 略
    ],
+   server: {
+     port: 3000,
+   },
  });
```

ワークスペースルートから`service/web`ディレクトリーのコマンドを実行できるようにして、開発環境を起動してみましょう。

package.json

```
  {
    "name": "ai-chat-sample",
    "type": "module",
    "private": true,
+   "scripts": {
+     "web": "pnpm --dir services/web"
+   }
  }
pnpm web dev
```

図2.1: Remixアプリの開発環境

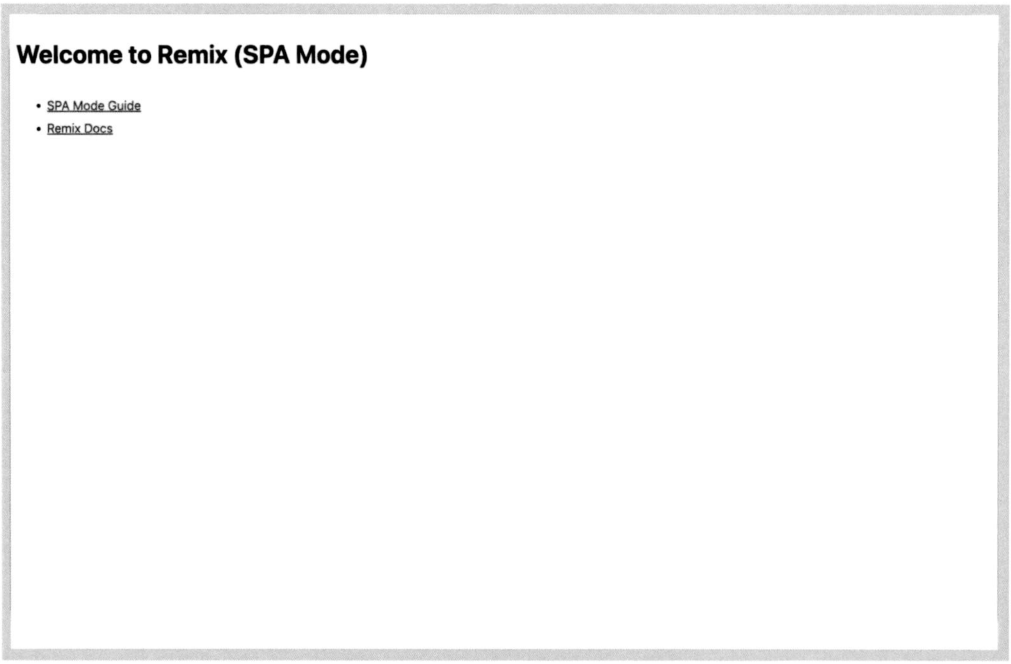

2.7 Firebase Hostingにデプロイする

Remixアプリが作成できたので、次はアプリをFirebase Hostingにデプロイして、Webアプリを公開します。

2.7.1 デプロイコマンドを設定する

Firebase Hostingへのデプロイを簡単に行えるよう、デプロイ用のコマンドを`package.json`ファイルの`scripts`に追加します。

services/web/package.json

```
{
  // 略
  "scripts": {
    "build": "remix vite:build",
    "dev": "remix vite:dev",
    "lint": "eslint --ignore-path .gitignore --cache --cache-location
./node_modules/.cache/eslint .",
    "preview": "vite preview",
-    "typecheck": "tsc"
+    "typecheck": "tsc",
+    "deploy:default": "pnpm build && firebase deploy --project default"
  },
  // 略
}
```

よく使いそうなコマンドは、プロジェクトルートに設定しておくと便利です。

package.json

```
{
  // 略
  "scripts": {
-    "web": "pnpm --dir services/web"
+    "web": "pnpm --dir services/web",
+    "dev": "pnpm web dev",
+    "deploy:web": "pnpm web deploy:default"
  }
}
```

2.7.2 デプロイする

デプロイの準備が整ったので、先ほど作成したデプロイコマンドを実行して、Firebase HostingにRemixアプリをデプロイします。

```
pnpm deploy:web
```

図2.2: 公開されたRemixアプリ

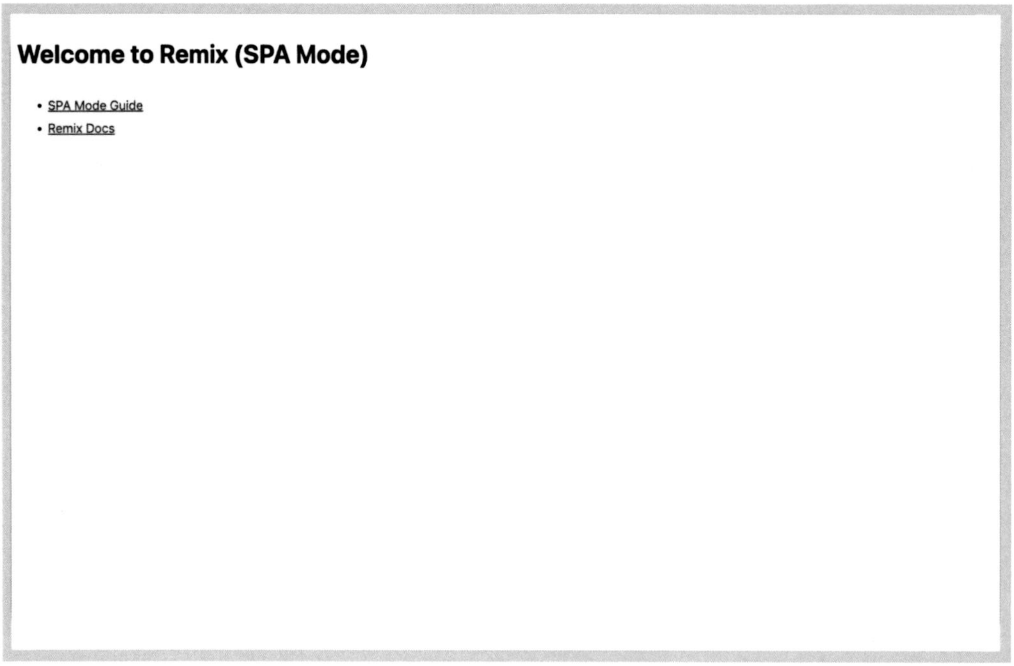

開発環境と同じアプリをインターネット上に公開できました。

第3章　開発環境を整える

本章では、アプリを開発しやすいよう、開発環境の設定を整えていきます。

3.1　Node.jsのバージョンを固定する

まず、Node.jsのバージョンをプロジェクトで固定することで、Node.jsバージョンの違いによる誤動作を防止します。

サンプルアプリではバージョン管理ツールとしてasdfを使用しているので、`.node-version`ファイルを作成します。

.node-version

```
20.12.2
```

サンプルアプリのNode.jsバージョンは`20.12.2`なので、`.node-version`ファイルには`20.12.2`を設定しています。

3.2　ESLintの設定を追加する

ESLintを使用することで、プロジェクト内のコーディングスタイルを統一できます。Remixはアプリを作成した時点でESLintが導入されているので、ここではESLintの設定を自分好みにアレンジします。

ESLintはv9系で大きな非互換が発生しており、本書執筆時点でRemixが自動生成する設定ファイルはv9系に対応していません。また、v9系をサポートしていないESLintプラグインも多数存在するため、サンプルコードと同じ設定を試したい場合は、ESLintをv8系にダウングレードしてください。

services/web/.eslintrc.cjs

```
  /** @type {import('eslint').Linter.Config} */
  module.exports = {
    // 略
    extends: ["eslint:recommended"],
+   rules: {
+     'import/order': [
+       'error',
+       {
+         groups: ['builtin', 'external', 'internal', 'parent', 'sibling',
'index', 'object', 'type'],
```

```
+          alphabetize: { order: 'asc' },
+        },
+      ],
+    },
    // 略
    // Typescript
    {
      // 略
      extends: ["plugin:@typescript-eslinrecommended", "plugin:import/recommend
ed", "plugin:import/typescript"],
+     rules: {
+       '@typescript-eslint/consistent-type-imports': ['error', { prefer:
'type-imports' }],
+       '@typescript-eslint/no-unused-vars': ['warn', { argsIgnorePattern: '^_'
}],
+     },
    },
    // 略
  };
```

サンプルアプリでは、以下のルールを追加しています。

import/order
　import文を順序を強制するよう設定しています。

@typescript-eslint/consistent-type-imports
　型のimportにimport typeを強制するよう設定しています。

@typescript-eslint/no-unused-vars
　未使用の変数名がアンダースコア（_）で始まる場合は、警告しないよう設定しています。

3.3 Prettierを設定する

Prettierを使用することで、コードのフォーマットを自動化できます。
まずは、Prettierの使用に必要なパッケージをインストールします。

```
pnpm web add -D prettier eslint-config-prettier
```

ESLintとPrettierのフォーマット機能が衝突しないよう、`eslint-config-prettier`をインストールしています。
パッケージがインストールできたら、Prettierの設定ファイルを作成します。

services/web/.prettierrc.cjs

```
/** @type {import("prettier").Config} */
module.exports = {
  printWidth: 120,
  singleQuote: true,
  jsxSingleQuote: true,
  semi: true,
  trailingComma: 'all',
  bracketSpacing: true,
};
```

さらに、ESLintとPrettierのフォーマット機能が衝突しないよう、ESLintの設定を更新します。

services/web/.eslintrc.cjs

```
  // 略
  module.exports = {
    // 略
-   extends: ["eslint:recommended"],
+   extends: ["eslint:recommended", "prettier"],
    // 略
  }
```

3.4 Stylelintを設定する

Stylelintを使用することで、CSSのスタイリングを統一できます。
まずは、Stylelintの使用に必要なパッケージをインストールします。

```
pnpm web add -D stylelint stylelint-config-recess-order stylelint-config-standard
stylelint-order
```

Stylelintの推奨ルールセットを使用するために`stylelint-config-standard`を、CSSプロパティーの順序を統一するために`stylelint-config-recess-order`、`stylelint-order`をインストールしています。

パッケージがインストールできたら、Stylelintの設定ファイルを作成します。

services/web/.stylelintrc.cjs

```
/** @type {import("stylelint").Config} */
module.exports = {
  extends: ['stylelint-config-standard', 'stylelint-config-recess-order'],
  plugins: ['stylelint-order'],
```

```
  rules: {
    'comment-empty-line-before': null,
    'at-rule-no-unknown': null,
    'selector-class-pattern': null,
  },
  allowEmptyInput: true,
  ignoreFiles: ["node_modules/**/*", "build/**/*"],
};
```

`allowEmptyInput: true`を設定することで、空ファイルを許容しています。
また、以下のルールを設定しています。

comment-empty-line-before: null
コメント前の空行を許容しています。

at-rule-no-unknown: null
未知の@ルールを許容しています。たとえばTailwind特有の@ルール等を使用する場合は、この設定を追加することでエラーが発生しなくなります。

selector-class-pattern: null
ケバブケース以外のクラス名を許容しています。ReactでCSS Modulesを使用する際、ケバブケースが強制されていると、importしたオブジェクトからプロパティーとしてクラス名にアクセスできなくなるので、この設定を追加しています。

styles.module.css

```
.hoge-fuga {
  xxx
}

.hogeFuga {
  xxx
}
```

Hoge.tsx

```
import styles from './styles.module.css'

// NG
styles.hoge-fuga

// OK
styles.hogeFuga
```

3.5 lint、formatコマンドを追加する

設定が完了したら、lint、formatコマンドを作成して、実際に実行します。

services/web/package.json

```
  {
    // 略
    "scripts": {
-     "lint": "eslint --ignore-path .gitignore --cache --cache-location
./node_modules/.cache/eslint .",
+     "lint": "eslint --ignore-path .gitignore --cache --cache-location
./node_modules/.cache/eslint . && stylelint '**/*.css'",
+     "lint:fix": "eslint --ignore-path .gitignore --cache --cache-location
./node_modules/.cache/eslint . --fix && stylelint '**/*.css' --fix",
+     "format": "prettier --write .",
    },
    // 略
  }
```

package.json

```
  {
    // 略
    "scripts": {
      "web": "pnpm --dir services/web",
      "dev": "pnpm web dev",
-     "deploy:web": "pnpm web deploy:default"
+     "deploy:web": "pnpm web deploy:default",
+     "lint:fix": "pnpm web lint:fix",
+     "format": "pnpm web format"
    }
  }
pnpm lint:fix
pnpm format
```

これで、設定したルールをコードに反映できました。

3.6 デプロイする

最後に更新後のコードが問題なく動作することを確認します。

```
pnpm dev
```

開発環境での動作が確認できたら、念のためデプロイもしておくと安心です。

```
pnpm deploy:web
```

図 3.1: 更新後のアプリ

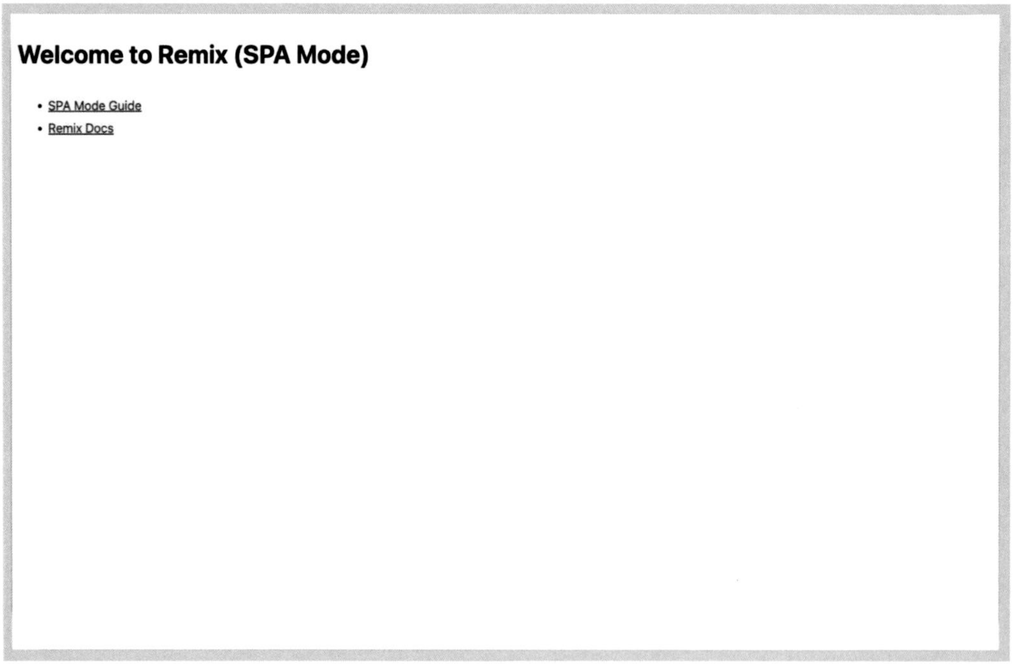

Welcome to Remix (SPA Mode)

- SPA Mode Guide
- Remix Docs

第4章　Cloud Functionsの開発環境を整える

サンプルアプリでは生成AIのAPIを実行する際に、Cloud Functionsを使用します。そこで、本章ではFirebaseプロジェクトのCloud Functionsを初期化し、さらに、Cloud Functionsの開発環境を整えていきます。

4.1　Cloud Functionsを有効化する

Firebaseコンソール（https://console.firebase.google.com）でサンプルプロジェクトを開き、Cloud Functionsを有効化していきます。

まずはFunctionsを開き、「始める」をクリックします。

図4.1: Functionsを始める

Functionsの設定モーダルが表示されるので、「続行」をクリックします。モーダル内に記載されているコマンドは事前に実行済みなので、ここでの実行は不要です。

図 4.2: Functions の設定（インストール）

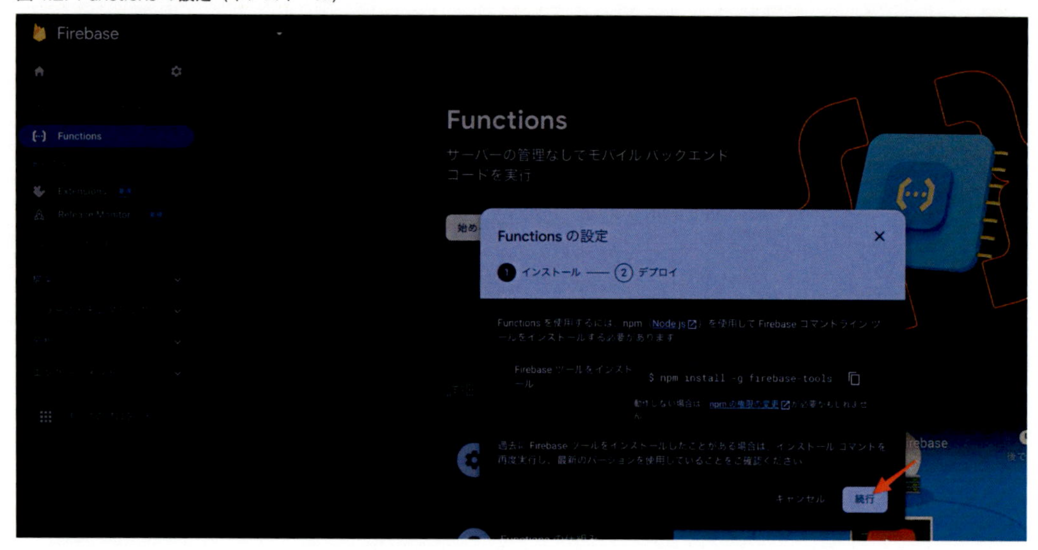

引き続きFictionsの設定モーダルが表示されているので、「終了」をクリックします。モーダル内に記載されているコマンドは後で実行するため、ここでの実行は不要です。

図 4.3: Functions の設定（デプロイ）

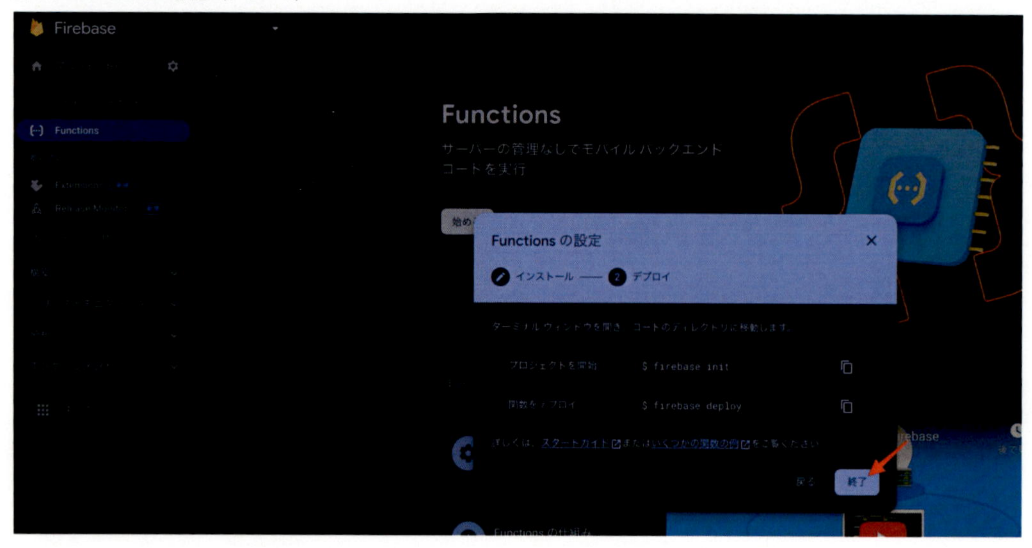

しばらく待つと、Cloud Functionsの有効化が完了します。

図4.4: Functionsの設定完了

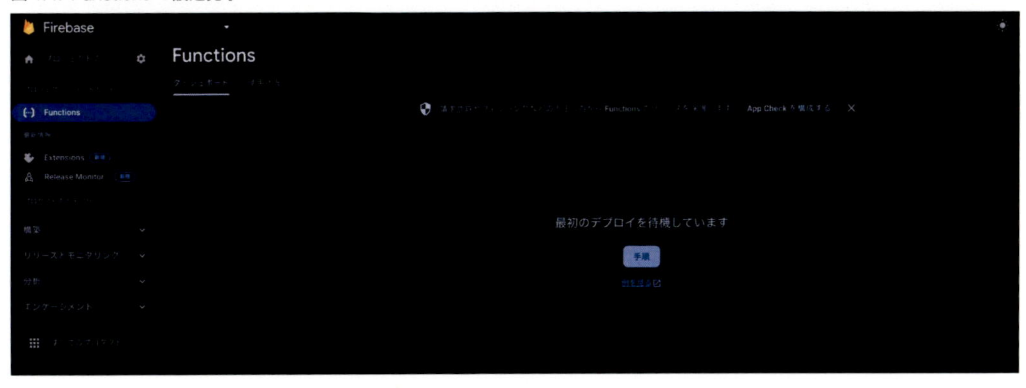

4.2 Cloud Functionsを初期化する

Firebaseコンソールで Cloud Functionsの有効化が完了したら、次はターミナルで Firebase CLI を実行して Cloud Functions を初期化します。

```
cd {ワークスペースルート}
firebase init functions
```

コマンドは対話形式になっているので、適宜求められた回答を入力してきます。

```
What language would you like to use to write Cloud Functions? (Use arrow keys):
TypeScript
```

Cloud Functionsで使用する言語を聞かれるので、「TypeScript」を選択します。生成AIのAPIを実行する際に使用する言語としては「Python」が最もポピュラーですが、サンプルアプリでは、クライアントサイド（Firebase Hosting）とサーバーサイド（Cloud Functions）でコードの共有がしやすい「TypeScript」を使用します。

```
Do you want to use ESLint to catch probable bugs and enforce style? (Y/n): Y
```

Cloud FunctionsでもESLintは使用したいので、「Yes」を入力します。

```
Do you want to install dependencies with npm now? (Y/n): n
```

サンプルアプリではpnpmを使用しているので、ここでは「No」を入力します。

```
Firebase initialization complete!
```

これで、Cloud Functionsの初期化が完了しました。

4.3 functionsをワークスペースに追加する

`firebase init functions`コマンドで生成された`functions`ディレクトリーを`services`ディレクトリー配下に移動して、ワークスペースに追加します。

```
mv functions services
```

移動後のディレクトリー構成に合わせて、`firebase.json`を更新します。

firebase.json

```
{
  // 略
  "functions": [
    {
-     "source": "functions",
+     "source": "services/functions",
      // 略
    }
  ]
}
```

ワークスペースルートからfunctionsのコマンドを実行できるようにします。

package.json

```
{
  // 略
  "scripts": {
    "web": "pnpm --dir services/web",
+   "functions": "pnpm --dir services/functions",
    // 略
  }
}
```

4.4 Cloud Functionsのパッケージをインストールする

先ほどFirebase CLIコマンドの実行時にパッケージのインストールを行わなかったので、手動でCloud Functionsのパッケージをインストールします。

パッケージをインストールする前に、`services/functions`ディレクトリーの`package.json`ファイルを更新します。

services/functions/package.json

```
  {
    "name": "functions",
+   "type": "module",
    // 略
    "engines": {
-     "node": "18"
+     "node": "20"
    },
    // 略
  }
```

Node.jsのバージョンをプロジェクトに合わせて更新しています。さらに、今回はプロジェクトがESモジュールになっているので、Cloud FunctionsもあわせてESモジュールにします。ここは無理に合わせる必要はないのですが、せっかくですので、サンプルアプリではCloud FunctionsもESモジュールで開発していきます。

準備が整ったので、パッケージをインストールします。

```
pnpm install
```

4.5 TypeScriptの設定を更新する

Cloud FunctionsをESモジュールに変更したので、TypeScriptの`module`設定もあわせて変更します。あわせて`module`以外の部分も自分好みにアレンジしておきます。

services/functions/tsconfig.json

```
  {
    "compilerOptions": {
-     "module": "commonjs",
+     "module": "NodeNext",
      "noImplicitReturns": true,
      "noUnusedLocals": true,
      "outDir": "lib",
      "sourceMap": true,
      "strict": true,
-     "target": "es2017"
+     "target": "ES2017",
+     "skipLibCheck": true,
+     "esModuleInterop": true,
    },
```

```
    // 略
  }
```

"module": "NodeNext"

Cloud FunctionsがESモジュールかつNode.jsなので`module`は`NodeNext`に変更します。

"target": "ES2017"

`NodeNext`に合わせて大文字に変更しただけなので、設定自体は変わっていません。

"skipLikCheck": true

`.d.ts`ファイルの型チェックをスキップして、ビルド時間を短縮するようにしています。

"esModuleInterop": true

CommonJSモジュールをESモジュールとして読み込めるようにしています。

4.6 ESLintの設定を更新する

Cloud FunctionsをESモジュールに変更したので、CommonJS形式で記載されている`.eslintrc.js`ファイルは`.eslintrc.cjs`に変更します。あわせてESLintの設定を自分好みにアレンジします。

services/functions/.eslintrc.js->services/functions/.eslintrc.cjs

```
+ /** @type {import('eslint').Linter.Config} */
  module.exports = {
    // 略
    rules: {
-     "quotes": ["error", "double"],
-     "import/no-unresolved": 0,
-     "indent": ["error", 2],
+     'import/no-unresolved': 'off',
+     'import/order': [
+       'error',
+       {
+         groups: ['builtin', 'external', 'internal', 'parent', 'sibling',
'index', 'object', 'type'],
+         alphabetize: { order: 'asc' },
+       },
+     ],
+     '@typescript-eslint/consistent-type-imports': ['error', { prefer:
'type-imports' }],
+     '@typescript-eslint/no-unused-vars': ['warn', { argsIgnorePattern: '^_' }],
```

```
  },
};
```

services/functions/tsconfig.dev.json

```
 {
   "include": [
-     ".eslintrc.js"
+     ".eslintrc.cjs"
   ]
 }
```

ESLintの設定変更は、基本的にはプロジェクトルートのものと同じですので、細かい説明は割愛します。

4.7 Prettierを設定する

Cloud FunctionsでもPrettierを使用したいので、設定していきます。

まずはPrettierの使用に必要なパッケージをインストールします。

```
pnpm functions add -D prettier eslint-config-prettier
```

パッケージがインストールできたら、Prettierの設定ファイルを作成します。

services/functions/.prettierrc.cjs

```
/** @type {import("prettier").Config} */
module.exports = {
  printWidth: 120,
  singleQuote: true,
  jsxSingleQuote: true,
  semi: true,
  trailingComma: 'all',
  bracketSpacing: true,
};
```

さらに、ESLintとPrettierのフォーマット機能が衝突しないよう、ESLintの設定を更新します。

services/functions/.eslintrc.cjs

```
 // 略
 module.exports = {
   // 略
   extends: [
```

```
    // 略
+     'prettier',
    ],
    // 略
  }
```

TypeScriptの設定にも、Prettierの設定ファイルを追加しておきます。

services/functions/tsconfig.dev.json

```
  {
    "include": [
-     ".eslintrc.cjs"
+     ".eslintrc.cjs",
+     ".prettierrc.cjs",
    ]
  }
```

4.8 lint、formatコマンドを追加する

設定が完了したら、lint、formatコマンドを作成して、実際に実行します。

services/functions/package.json

```
  {
    // 略
    "scripts": {
-     "lint": "eslint --ext .js,.ts .",
+     "lint": "eslint --ignore-path .gitignore .",
+     "lint:fix": "eslint --ignore-path .gitignore . --fix",
+     "format": "prettier --write .",
      "build": "tsc",
      // 略
    },
    // 略
  }
```

package.json

```
{
  // 略
  "scripts": {
    // 略
```

```
-   "lint:fix": "pnpm web lint:fix",
-   "format": "pnpm web format"
+   "lint:fix": "pnpm web lint:fix && pnpm functions lint:fix",
+   "format": "pnpm web format && pnpm functions format"
  }
}
pnpm lint:fix
pnpm format
```

これで、設定したルールをコードに反映できました。

4.9 デプロイする

Cloud Functionsの開発環境が整ったところで、デプロイできることを確認しておきます。まずdeployコマンドでプロジェクトを指定するよう変更します。

services/functions/package.json

```
  {
    // 略
    "scripts": {
      // 略
-     "deploy": "firebase deploy --only functions",
+     "deploy:default": "firebase deploy --only functions --project default",
      "logs": "firebase functions:log"
    },
    // 略
  }
```

package.json

```
  {
    // 略
    "scripts": {
      // 略
      "deploy:web": "pnpm web deploy:default",
+     "deploy:functions": "pnpm functions deploy:default",
      // 略
    }
  }
```

このとき、あわせて、Firebase Hosting側のデプロイコマンドの対象からCloud Functionsを除外しておきましょう。

services/web/package.json

```
{
  // 略
  "scripts": {
    // 略
-    "deploy:default": "pnpm build && firebase deploy --project default"
+    "deploy:default": "pnpm build && firebase deploy --except functions
--project default"
  }
  // 略
}
```

これでデプロイの準備は整いましたが、今の状態でデプロイするとLintエラーで失敗してしまうので、`services/functions/src/index.ts`ファイルの不要な`import`文をコメントアウトします。

services/functions/src/index.ts

```
  // 略
- import * as logger from 'firebase-functions/logger';
- import { onRequest } from 'firebase-functions/v2/https';
+ // import * as logger from 'firebase-functions/logger';
+ // import { onRequest } from 'firebase-functions/v2/https';
  // 略
```

これでLintエラーは発生しなくなったので、あらためてデプロイします。

```
pnpm deploy:functions
```

この時点ではCloud Functionsに関数が存在しないので実際には何もデプロイされませんが、deployコマンドが成功することは以下のメッセージで確認できます。

```
Deploy complete!
```

これで、Cloud Functionsの開発環境が整いました。

第5章　ローカルパッケージを作成する

Firebaseのアプリ開発では、クライアントサイド（Firebase Hosting）とサーバーサイド（Cloud Functions）で共通の型定義やロジックを作成したくなることがよくあります。

そこで、クライアントサイドとサーバーサイドの両方でコードを共有するためのローカルパッケージを作成します。

5.1　ローカルパッケージのディレクトリーを作成する

ローカルパッケージのディレクトリーは、ワークスペースに追加されるようpackages配下に作成します。ワークスペースに追加することで、ほかのワークスペースからローカルパッケージをリンクできます。

```
cd {ワークスペースルート}
mkdir -p packages/shared
```

これで、ローカルパッケージのディレクトリーとなるfunctions/packages/sharedディレクトリーができました。

5.2　package.jsonを作成する

ローカルパッケージのディレクトリーに、package.jsonファイルを作成します。

packages/shared/package.json

```
{
  "name": "@local/shared",
  "type": "module",
  "private": true,
  "version": "1.0.0",
  "description": "",
  "main": "dist/index.js",
  "types": "dist/index.d.ts",
  "files": [
    "dist"
  ],
  "keywords": [],
  "author": "",
  "license": "ISC"
```

```
}
```

ワークスペースルートから、sharedのコマンドを実行できるようにします。

package.json

```
  {
    // 略
    "scripts": {
      "web": "pnpm --dir services/web",
      "functions": "pnpm --dir services/functions",
+     "shared": "pnpm --dir packages/shared",
      // 略
    }
  }
```

5.3 TypeScriptを設定する

ローカルパッケージをTypeScriptで開発できるようにします。
まずはパッケージをインストールします。

```
pnpm shared add -D typescript
```

次に、`tsconfig.json`ファイルを生成します。

packages/shared/tsconfig.json

```
{
  "compilerOptions": {
    "target": "ES2017",
    "module": "NodeNext",
    "esModuleInterop": true,
    "forceConsistentCasingInFileNames": true,
    "strict": true,
    "skipLibCheck": true,
    "declaration": true,
    "outDir": "./dist",
  },
  "include": ["src"]
}
```

細かい設定の詳細は割愛しますが、`declaration`を`true`にすることで、コンパイル時に`.d.ts`ファイルが生成されるようにしています。

設定できたらpackage.jsonファイルを更新して、パッケージをビルドできるようにします。

packages/shared/package.json

```
  {
    // 略
    "files": [
      "dist"
    ],
+   "scripts": {
+     "build": "tsc"
+   },
    // 略
  }
```

package.json

```
  {
    // 略
    "scripts": {
      // 略
      "shared": "pnpm --dir packages/shared",
+     "build:shared": "pnpm shared build",
      // 略
    }
  }
```

最後に空のpackages/shared/src/index.tsファイルを作成して、実際にビルドしてみましょう。

packages/shared/src/index.ts

```
// 空ファイル
pnpm build:shared
```

distディレクトリーにindex.jsとindex.d.tsが生成されれば、ビルド成功です。
ビルド結果はソース管理に含める必要がないので、.gitignoreファイルを作成します。

packages/shared/.gitignore

```
node_modules/
dist/
```

5.4 ESLintとPrettierを設定する

ローカルパッケージのESLintとPrettierを設定します。

まずはパッケージをインストールします。

ESLintはv9系で非常に多くの非互換が発生しており、本書執筆時点では未対応のプラグインも多いので、v8系をインストールしています。

```
pnpm shared add -D eslint@^8.57.0 @typescript-eslint/eslint-plugin
@typescript-eslint/parser eslint-plugin-import prettier eslint-config-prettier
```

なお、今回のように一部のパッケージのバージョンを固定したい場合は、`pnpm.updateConfig.ignoreDependencies`を設定しておくと、`pnpm update --latest`コマンドを実行してもバージョンアップされないようにできます。

package.json

```
  {
    // 略
+   "pnpm": {
+     "updateConfig": {
+       "ignoreDependencies": [
+         "eslint"
+       ]
+     }
+   }
  }
```

次に、自分好みの設定ファイルを生成します。

packages/shared/.eslintrc.cjs

```
/** @type {import('eslint').Linter.Config} */
module.exports = {
  root: true,
  env: {
    browser: true,
    es2021: true,
    node: true,
  },
  extends: ['eslint:recommended', 'plugin:@typescript-eslint/recommended'],
  overrides: [
    {
      env: {
        node: true,
      },
      files: ['.eslintrc.{js,cjs}'],
```

```
      parserOptions: {
        sourceType: 'script',
      },
    },
  ],
  parser: '@typescript-eslint/parser',
  parserOptions: {
    project: ['tsconfig.json', 'tsconfig.dev.json'],
  },
  plugins: ['@typescript-eslint', 'import'],
  rules: {
    'import/order': [
      'error',
      {
        groups: ['builtin', 'external', 'internal', 'parent', 'sibling', 'index',
'object', 'type'],
        alphabetize: { order: 'asc' },
      },
    ],
    '@typescript-eslint/consistent-type-imports': ['error', { prefer:
'type-imports' }],
    '@typescript-eslint/no-unused-vars': ['warn', { argsIgnorePattern: '^_' }],
  },
};
```

packages/shared/.prettierrc.cjs

```
/** @type {import("prettier").Config} */
module.exports = {
  printWidth: 120,
  singleQuote: true,
  jsxSingleQuote: true,
  semi: true,
  trailingComma: 'all',
  bracketSpacing: true,
};
```

packages/shared/tsconfig.dev.json

```
{
  "include": [".eslintrc.cjs", ".prettierrc.cjs"]
}
```

5.5 lint/formatコマンドを追加する

設定が完了したら、lint、formatコマンドを作成して、実際に実行します。

packages/shared/package.json

```
  {
    // 略
    "scripts": {
-     "build": "tsc"
+     "build": "tsc",
+     "lint": "eslint --ext .js,.ts ./src",
+     "lint:fix": "eslint --fix --ext .js,.ts ./src",
+     "format": "prettier --write ."
    },
    // 略
  }
```

package.json

```
{
  // 略
  "scripts": {
    // 略
-   "lint:fix": "pnpm web lint:fix && pnpm functions lint:fix",
-   "format": "pnpm web format && pnpm functions format"
+   "lint:fix": "pnpm shared lint:fix && pnpm web lint:fix && pnpm functions
lint:fix",
+   "format": "pnpm shared format && pnpm web format && pnpm functions format"
  }
}
pnpm lint:fix
pnpm format
```

5.6 VSCodeの設定を追加する

これでこのプロジェクトに関連するLint、Formatの設定がすべて完了したので、VSCodeの設定を追加して、Lint/Formatが自動で適用されるようにします。

.vscode/settings.json

```
{
  "stylelint.validate": ["css", "postcss"],
  "css.validate": false,
```

```
  "eslint.workingDirectories": [{ "mode": "auto" }],
  "editor.formatOnSave": true,
  "editor.codeActionsOnSave": {
    "source.addMissingImports": "explicit",
    "source.fixAll.eslint": "explicit",
    "source.fixAll.stylelint": "explicit"
  },
  "editor.defaultFormatter": "esbenp.prettier-vscode"
}
```

5.7 ローカルパッケージをインストールする

ローカルパッケージの開発環境が整ったので、実際にパッケージをインストールしてみます。

5.7.1 ユーティリティタイプを作成する

まずはローカルパッケージ内に、ユーティリティの型定義を作成します。

packages/shared/src/types/firebase.ts

```
export type WithId<Data> = Data & { id: string };
```

packages/shared/src/types/index.ts

```
export * from './firebase.js';
```

packages/shared/src/index.ts

```
export * from './types/index.js';
```

5.7.2 インストール時にパッケージをビルドするようにする

ローカルパッケージをインストールしてもビルドされていなければ使用できないので、インストール時に自動でビルドするようにします。

package.json

```
{
  // 略
  "scripts": {
    // 略
    "preinstall": "pnpm build:shared"
  },
  // 略
```

```
}
```

5.7.3 インストールする

webとfunctionsにローカルパッケージをインストールします。

```
pnpm web add @local/shared
pnpm functions add @local/shared
```

コマンドが完了したら、package.jsonにローカルパッケージ（@local/shared）がインストールされていることが確認できると思います。

services/web/package.json

```
 {
   // 略
   "dependencies": {
+     "@local/shared": "workspace:^",
     // 略
   }
   // 略
 }
```

services/functions/package.json

```
 {
   // 略
   "dependencies": {
+     "@local/shared": "workspace:^",
     // 略
   }
   // 略
 }
```

5.8 デプロイできるようにする

Cloud Functionsは、ワークスペース内のローカルパッケージリンクを含んだ構成をデプロイできません。そこで、predeploy、postdeployを修正して、今の構成でもデプロイできるようにします。

firebase.json

```
  {
    "hosting": {
      // 略
+     "predeploy": ["rm -rf .firebase", "pnpm build:shared"]
    },
    "functions": [
      {
        // 略
        "predeploy": [
-         "npm --prefix \"$RESOURCE_DIR\" run lint",
-         "npm --prefix \"$RESOURCE_DIR\" run build"
+         "pnpm build:shared",
+         "pnpm shared pack --pack-destination ../../services/functions",
+         "pnpm functions lint",
+         "pnpm functions add ./local-shared-1.0.0.tgz",
+         "pnpm functions build"
        ],
        "postdeploy": [
+         "rm -rf services/functions/local-shared-1.0.0.tgz",
+         "pnpm functions remove @local/shared",
+         "pnpm functions add @local/shared",
        ]
      }
    ]
  }
```

predeployでローカルパッケージのリンクを削除し、ローカルパッケージをパックしたものをインストールしています。

postdeployではパックしたローカルパッケージを削除し、ローカルパッケージのリンクに戻しています。

実際にデプロイできるか試してみましょう。

```
pnpm deploy:functions
pnpm deploy:web
```

第6章　アプリにデフォルトレイアウトを適用する

前章でアプリ開発の下準備が整いましたので、いよいよ生成AIとチャットできるアプリの開発を行っていきます。

本章では、アプリにデフォルトのレイアウトを適用していきます。

6.1　UIライブラリー（Mantine）を設定する

最初に、レイアウトを作成するのに必要なUIライブラリーを設定します。サンプルアプリでは、Mantineというライブラリーを使用します。

6.1.1　パッケージをインストールする

必要なパッケージをインストールします。

```
pnpm web add @mantine/core @mantine/hooks
pnpm web add -D postcss postcss-preset-mantine postcss-simple-vars
```

6.1.2　PostCSSを設定する

PostCSSの設定ファイルを作成します。

Remixアプリ作成時にPostCSSの設定ファイルが作成されている場合は、既存の設定ファイルに以下の設定を追加してください。

services/web/postcss.config.cjs

```
/** @type {import('postcss-load-config').Config} */
module.exports = {
  plugins: {
    'postcss-preset-mantine': {},
    'postcss-simple-vars': {
      variables: {
        'mantine-breakpoint-xs': '36em',
        'mantine-breakpoint-sm': '48em',
        'mantine-breakpoint-md': '62em',
        'mantine-breakpoint-lg': '75em',
        'mantine-breakpoint-xl': '88em',
      },
```

```
    },
  },
};
```

6.1.3 Tailwindの設定を変更する

Remixアプリ作成時にTailwindがインストールされている場合、TailwindがほかのUIライブラリーに影響を与えないよう、ユーティリティのみ使用するように設定を変更しておきます。

services/web/app/tailwind.css

```
- @tailwind base;
- @tailwind components;
  @tailwind utilities;
```

6.1.4 Mantineを設定する

アプリにMantineProviderを適用します。

services/web/app/utils/mantine/provider.tsx

```
import '@mantine/core/styles.css';
import { ColorSchemeScript as _ColorSchemeScript, MantineProvider as
_MantineProvider } from '@mantine/core';
import type { ReactNode } from 'react';

const defaultColorScheme = 'dark';

export const ColorSchemeScript = () => <_ColorSchemeScript
defaultColorScheme={defaultColorScheme} />;

export const MantineProvider = ({ children }: { children: ReactNode }) => {
  return <_MantineProvider defaultColorScheme={defaultColorScheme}>{children}
</_MantineProvider>;
};
```

services/web/app/root.tsx

```
  import { Links, Meta, Outlet, Scripts, ScrollRestoration } from
'@remix-run/react';
+ import { MantineProvider, ColorSchemeScript } from '~/utils/mantine/provider';

  export function Layout({ children }: { children: React.ReactNode }) {
    return (
```

```
-     <html lang='en'>
+     <html lang='ja'>
        <head>
          <meta charSet='utf-8' />
          <meta name='viewport' content='width=device-width, initial-scale=1' />
          <Meta />
          <Links />
+         <ColorSchemeScript />
        </head>
        <body>
+         <MantineProvider>
            {children}
            <ScrollRestoration />
            <Scripts />
+         </MantineProvider>
        </body>
      </html>
    );
  }
  // 略
```

6.1.5 Mantineが適用されていることを確認する

ルートページを更新して、Mantineが適用されていることを確認します。

app/routes/_index.tsx

```
+ import { Center, Title } from '@mantine/core';
  import type { MetaFunction } from '@remix-run/node';

  export const meta: MetaFunction = () => {
-   return [{ title: 'New Remix SPA' }, { name: 'description', content: 'Welcome
to Remix (SPA Mode)!' }];
+   return [{ title: 'AI Chat Firebase' }, { name: 'description', content:
'Welcome to AI Chat Firebase!' }];
  };

  export async function clientLoader() {
    await new Promise((resolve) => setTimeout(resolve, 5000));
    return true;
  }
```

```
  export default function Index() {
    return (
-     <div style={{ fontFamily: 'system-ui, sans-serif', lineHeight: '1.8' }}>
-       <h1>Welcome to Remix (SPA Mode)</h1>
-       <ul>
-         <li>
-           <a target='_blank' href='https://remix.run/future/spa-mode'
rel='noreferrer'>
-             SPA Mode Guide
-           </a>
-         </li>
-         <li>
-           <a target='_blank' href='https://remix.run/docs' rel='noreferrer'>
-             Remix Docs
-           </a>
-         </li>
-       </ul>
-     </div>
+     <Center>
+       <Title>Hello Mantine!</Title>
+     </Center>
    );
  }
```

これでルートページが更新されたはずなので、開発環境を起動して確認しましょう。

```
pnpm dev
```

図6.1: Hello Mantine

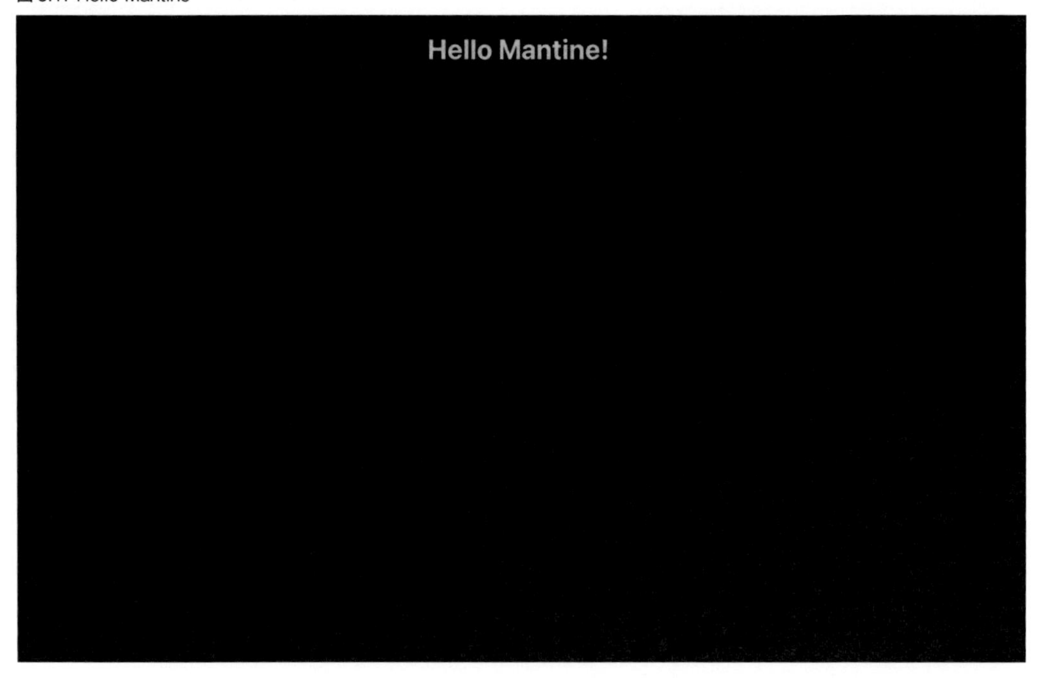

ローディング時のデザインが気になるので、あわせて更新します。

services/web/app/components/elements/Loader.tsx

```
import { Loader as MantineLoader } from '@mantine/core';
import type { LoaderProps } from '@mantine/core';

export const Loader = (props: LoaderProps) => {
  return <MantineLoader color='gray' type='dots' {...props} />;
};
```

services/web/app/components/screens/LoadingScreen.tsx

```
import { Center } from '@mantine/core';
import { Loader } from '~/components/elements/Loader';

export const LoadingScreen = () => {
  return (
    <Center p='lg'>
      <Loader />
    </Center>
  );
};
```

services/web/app/root.tsx

```
  import { Links, Meta, Outlet, Scripts, ScrollRestoration } from
'@remix-run/react';
+ import { LoadingScreen } from '~/components/screens/LoadingScreen';
  import { MantineProvider, ColorSchemeScript } from '~/utils/mantine/provider';
  // 略
  export function HydrateFallback() {
-   return <p>Loading...</p>;
+   return <LoadingScreen />;
  }
```

図6.2: ローディング

6.2 デフォルトレイアウトを作成する

Mantineが適用できたので、デフォルトレイアウトを作成します。

services/web/app/components/layouts/ResponsiveLayout.tsx

```
import {
  AppShell,
  Burger,
  Divider,
  Group,
```

```
  NavLink as MantineNavLink,
  ScrollArea,
  createPolymorphicComponent,
} from '@mantine/core';
import { useDisclosure, useViewportSize } from '@mantine/hooks';
import { useMemo, useCallback, createContext, useContext } from 'react';
import type { NavLinkProps } from '@mantine/core';
import type { MouseEvent, ReactNode } from 'react';

const HEADER_HEIGHT = 60;
const CONTENT_PADDING = 0;

type ResponsiveLayoutContextValue = {
  navbar: {
    toggle: () => void;
  };
  main: {
    height: number;
  };
};

const ResponsiveLayoutContext = createContext<ResponsiveLayoutContextValue>({
  navbar: { toggle: () => {} },
  main: { height: 0 },
});

export const useResponsiveLayoutContext = () => useContext(ResponsiveLayoutConte
xt);

export const ResponsiveLayout = ({
  children,
  header,
  navbar,
  main,
}: {
  children: ReactNode;
  header: { title: ReactNode; props?: Parameters<typeof AppShell.Header>[0] };
  navbar?: {
    fixedMenu?: ReactNode;
    navMenu: ReactNode;
    accountMenu?: ReactNode;
```

```
    props?: Parameters<typeof AppShell.Navbar>[0];
  };
  main?: { props?: Parameters<typeof AppShell.Main>[0] };
}) => {
  const [opened, { toggle }] = useDisclosure();
  const { height } = useViewportSize();
  const navbarValues = useMemo(() => ({ toggle }), [toggle]);
  const mainValues = useMemo(() => ({ height: height - HEADER_HEIGHT -
CONTENT_PADDING * 2 }), [height]);

  return (
    <ResponsiveLayoutContext.Provider value={{ navbar: navbarValues, main:
mainValues }}>
      <AppShell
        header={{ height: HEADER_HEIGHT }}
        {...(navbar && {
          navbar: { width: { base: 200, md: 300, lg: 400 }, breakpoint: 'sm',
collapsed: { mobile: !opened } },
        })}
        padding={CONTENT_PADDING}
      >
        <AppShell.Header {...header?.props}>
          <Group h='100%' px={16}>
            {navbar && (
              <Burger
                opened={opened}
                onClick={toggle}
                hiddenFrom='sm'
                size='sm'
                {...(header.props?.c && { color: header.props.c as
Parameters<typeof Burger>[0]['color'] })}
              />
            )}
            {header.title}
          </Group>
        </AppShell.Header>
        {navbar && (
          <AppShell.Navbar {...navbar?.props}>
            {navbar.fixedMenu && <AppShell.Section p={16}>{navbar.fixedMenu}
</AppShell.Section>}
            <AppShell.Section grow p={16} component={ScrollArea}>
```

```
            {navbar.navMenu}
          </AppShell.Section>
          {navbar.accountMenu && (
            <>
              <Divider />
              <AppShell.Section p={16}>{navbar.accountMenu}</AppShell.Section>
            </>
          )}
        </AppShell.Navbar>
      )}
      <AppShell.Main {...main?.props}>{children}</AppShell.Main>
    </AppShell>
  </ResponsiveLayoutContext.Provider>
  );
};

const _NavLink = ({ onClick, ...props }: NavLinkProps) => {
  const {
    navbar: { toggle },
  } = useResponsiveLayoutContext();
  const handleClick = useCallback(
    (event: MouseEvent<HTMLAnchorElement>) => {
      onClick?.(event);
      toggle();
    },
    [toggle, onClick],
  );

  return <MantineNavLink {...props} onClick={handleClick} />;
};
export const NavLink = createPolymorphicComponent<'button', NavLinkProps, typeof
_NavLink>(_NavLink);
ResponsiveLayout.NavLink = NavLink;
```

services/web/app/layouts/_components/AccountMenu.tsx

```
export const AccountMenu = () => {
  return <div>アカウントメニュー</div>;
};
```

services/web/app/layouts/_components/FixedMenu.tsx

```
export const FixedMenu = () => {
  return <div>固定メニュー</div>;
};
```

services/web/app/layouts/_components/HeaderTitle.tsx

```
import { Text } from '@mantine/core';

export const HeaderTitle = () => {
  return <Text fw={500}>AI Chat Firebase</Text>;
};
```

services/web/app/layouts/_components/NavMenu.tsx

```
export const NavMenu = () => {
  return <div>ナビメニュー</div>;
};
```

services/web/app/layouts/DefaultLayout.tsx

```
import { ResponsiveLayout, useResponsiveLayoutContext } from
'~/components/layouts/ResponsiveLayout';
import { AccountMenu } from './_components/AccountMenu';
import { FixedMenu } from './_components/FixedMenu';
import { HeaderTitle } from './_components/HeaderTitle';
import { NavMenu } from './_components/NavMenu';
import type { ReactNode } from 'react';

export const DefaultLayout = ({ children }: { children: ReactNode }) => {
  return (
    <ResponsiveLayout
      header={{ title: <HeaderTitle /> }}
      navbar={{ fixedMenu: <FixedMenu />, navMenu: <NavMenu />, accountMenu:
<AccountMenu /> }}
    >
      {children}
    </ResponsiveLayout>
  );
};

export const NavLink = ResponsiveLayout.NavLink;
export const useDefaultLayout = useResponsiveLayoutContext;
```

services/web/app/root.tsx

```
  import { Links, Meta, Outlet, Scripts, ScrollRestoration } from
'@remix-run/react';
  import { LoadingScreen } from '~/components/screens/LoadingScreen';
+ import { DefaultLayout } from '~/layouts/DefaultLayout';
  import { MantineProvider, ColorSchemeScript } from '~/utils/mantine/provider';
  // 略
  export default function App() {
-   return <Outlet />;
+   return (
+     <DefaultLayout>
+       <Outlet />
+     </DefaultLayout>
    );
  }
  // 略
```

レイアウトが適用できました。

サンプルアプリを作ることだけを考えたら、ここまで細かくコンポーネント化しなくてもよいのですが、コンポーネントを汎用的に切り出しておくことで、別のアプリを開発する際の財産になっていきます。

コンポーネント化をおろそかにすると、だんだんコードがスパゲッティ化して手遅れに、なんてこともよくありますので、細かく汎用的にコンポーネント化するクセをつけておくことをおすすめします。

開発環境を起動して、レイアウトを確認しましょう。

```
pnpm dev
```

図6.3: デフォルトレイアウト

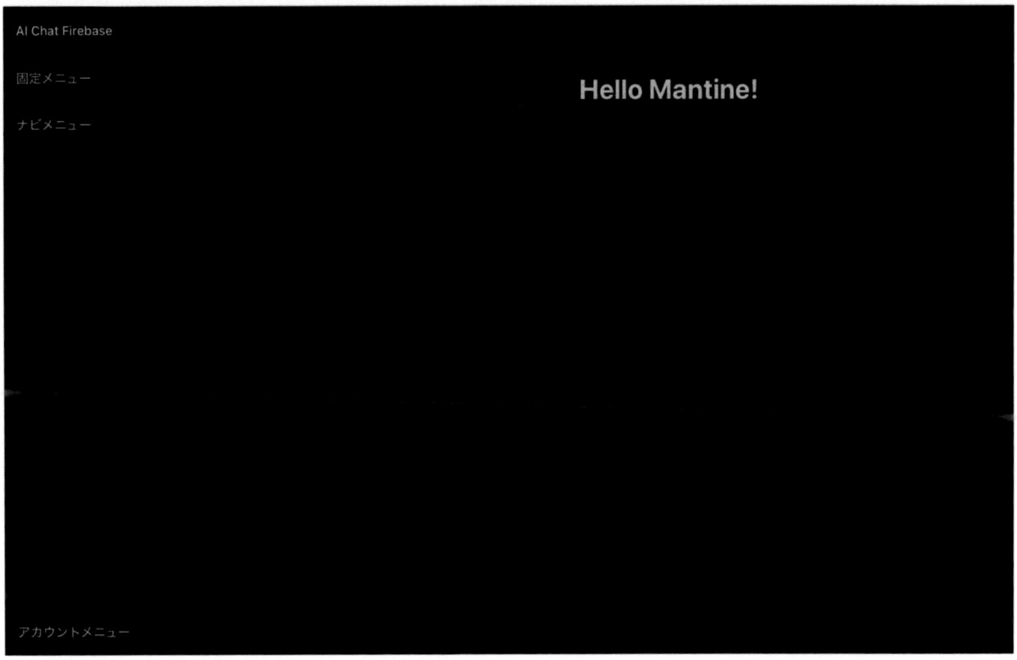

以下のようなアプリをイメージして、サンプルアプリはこのレイアウトにしてみました。

・固定メニューに新しいチャットを始めるボタン

・ナビメニューに過去のチャット履歴

・アカウントメニューにログアウト等のアカウント操作

・メインコンテンツ（Hello Mantineのところ）で生成AIとチャット

スマートフォンでも使えるようにしたいので、レスポンシブなレイアウトにしています。

図6.4: レスポンシブレイアウト

6.3 デプロイする

最後に、更新後のコードがデプロイできることを確認します。本章ではクライアントサイドしか更新していないので、Cloud Functions側はデプロイしなくても問題ありません（もちろんしても問題ありません）。

```
pnpm deploy:web
```

第7章　認証機能をつける

サンプルアプリが未認証で使える状態だと、知らない間にFirebaseプロジェクトの利用料や生成AIのAPI利用料が増えていたなんてことになりかねないので、認証ユーザーでなければチャットできないようにします。

認証機能をつけることでユーザーごとにチャット履歴を管理できるようになるので、アプリを複数人で利用しやすくなるメリットもあります。

サンプルアプリでは、簡単に認証機能を実現できるGoogle認証を採用します。

7.1　Firebase Authenticationを有効化する

Firebaseコンソール（https://console.firebase.google.com）でサンプルプロジェクトを開き、Firebase Authenticationを有効化していきます。

まずはAuthenticationを開き、「始める」をクリックします。

図7.1: Authenticationを始める

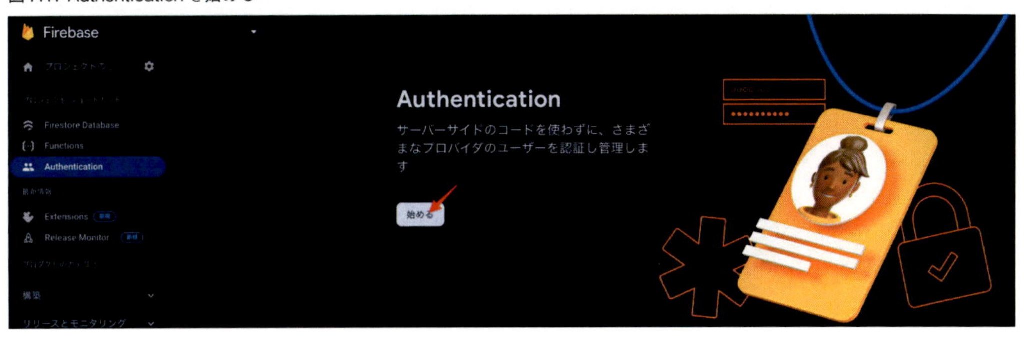

ログイン方法のページが開くので、追加のプロバイダの「Google」をクリックします。

図 7.2: プロバイダを追加

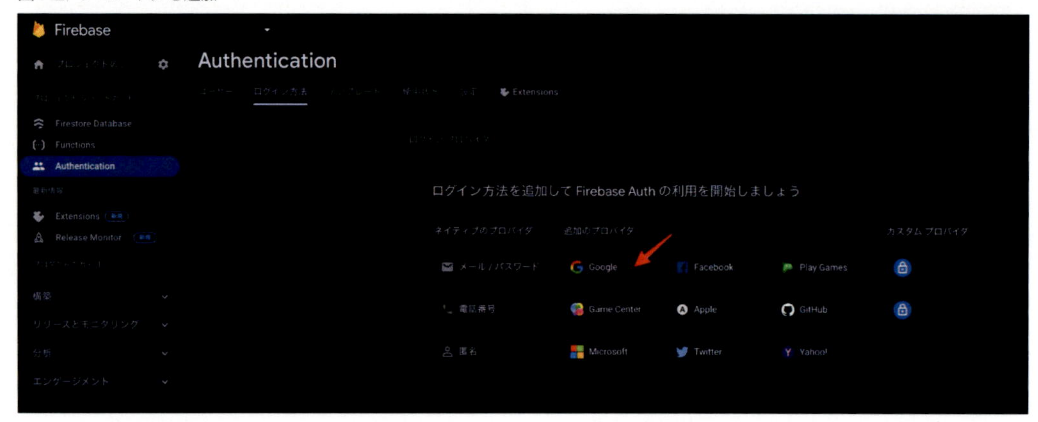

Google 認証の設定が表示されるので、「有効にする」をクリックします。

図 7.3: Google 認証を有効化

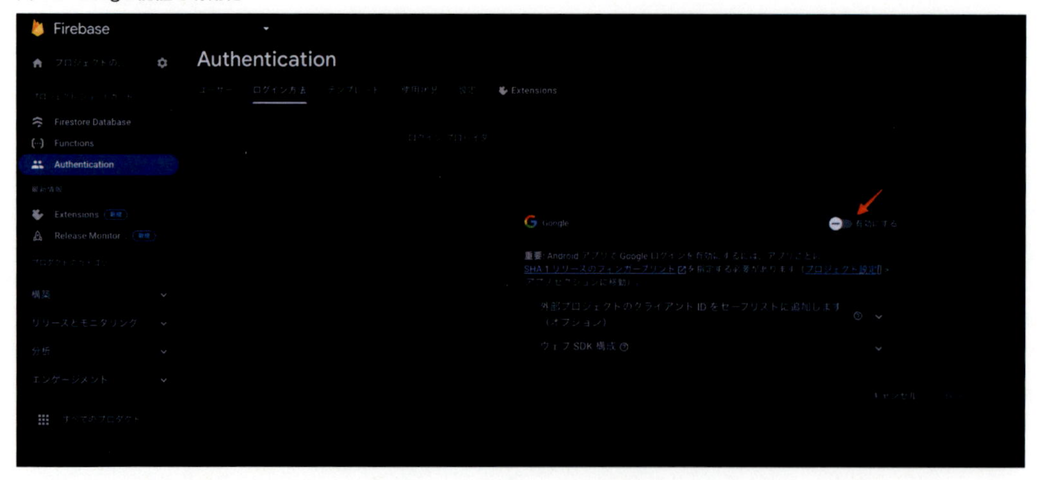

プロジェクト設定フォームが表示されるので、任意の公開名とサポートメールを設定して「保存」をクリックします。

図7.4: 設定を保存

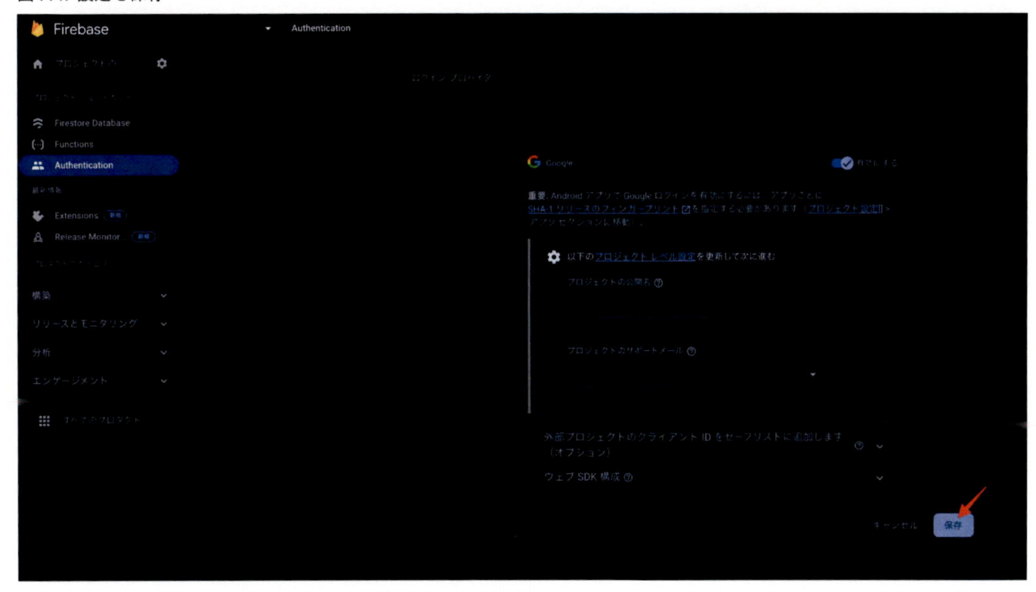

しばらく待つと、Google認証が有効になります。

図7.5: Google認証の有効化完了

7.2 Firebaseアプリを初期化する

Firebase Authenticationが有効になったので、アプリでFirebase Authenticationを利用できるようにします。

7.2.1 パッケージをインストールする

必要なパッケージをインストールします。

```
pnpm web add firebase reactfire
```

ReactFireは、ReactアプリでFirebaseを使いやすくする機能を提供してくれているライブラリーです。Googleのメンバーが開発していて、Google公式ドキュメントにも名前が登場します。

Firebaseを利用するコードはそこまで複雑ではないので、自分ですべて開発するのも全然ありなのですが、サンプルアプリではReactFireを採用します。

7.2.2 Firebaseアプリの構成情報を環境変数に設定する

Firebaseアプリの構成情報に環境変数でアクセスできるようにします。

RemixのSPAモードではVite同様、`.env`ファイルの`VITE_XXX`という名前の環境変数を利用できるので、Firebaseアプリの構成情報を確認して`.env`ファイルに設定します。

`.env.sample`はなくてもいいのですが、Git管理されたコードから必要な環境変数が確認できて便利なので、あわせて作成しておきます。

services/web/.env

```
VITE_FIREBASE_API_KEY='{apiKey}'
VITE_FIREBASE_AUTH_DOMAIN='{authDomain}'
VITE_FIREBASE_PROJECT_ID='{projectId}'
VITE_FIREBASE_STORAGE_BUCKET='{storageBucket}'
VITE_FIREBASE_MESSAGING_SENDER_ID='{messagingSenderId}'
VITE_FIREBASE_APP_ID='{appId}'
```

services/web/.env.sample

```
VITE_FIREBASE_API_KEY=''
VITE_FIREBASE_AUTH_DOMAIN=''
VITE_FIREBASE_PROJECT_ID=''
VITE_FIREBASE_STORAGE_BUCKET=''
VITE_FIREBASE_MESSAGING_SENDER_ID=''
VITE_FIREBASE_APP_ID=''
```

Firebaseアプリの構成情報は、Firebaseコンソールの「プロジェクトの設定」で確認できます。

図7.6: プロジェクトの設定

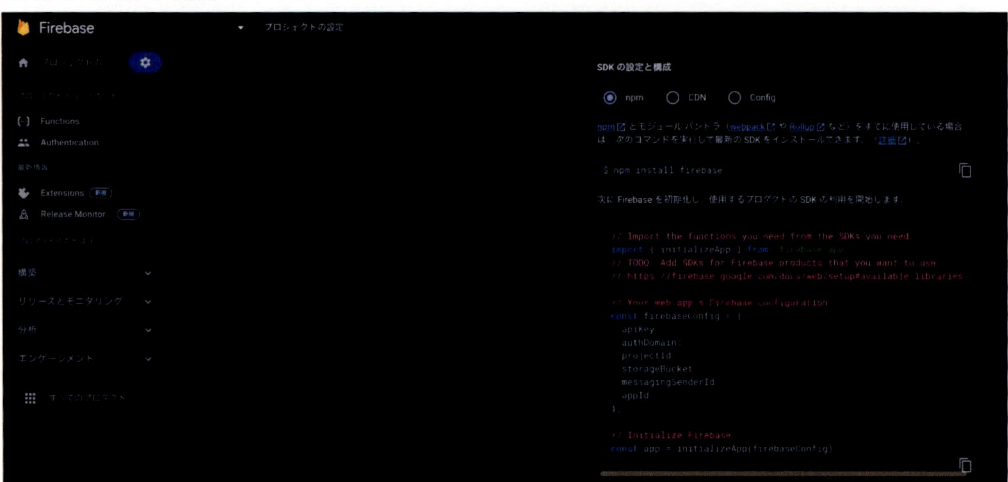

7.2.3 ReactFireを設定する

ReactFireを設定して、アプリからFirebaseの機能を利用できるようにします。
まずはFirebaseAppProviderを設定して、Firebaseアプリを初期化します。

services/web/app/utils/firebase/config.ts

```
import type { FirebaseOptions } from 'firebase/app';

export const firebaseConfig = () =>
  ({
    apiKey: import.meta.env.VITE_FIREBASE_API_KEY,
    authDomain: import.meta.env.VITE_FIREBASE_AUTH_DOMAIN,
    projectId: import.meta.env.VITE_FIREBASE_PROJECT_ID,
    storageBucket: import.meta.env.VITE_FIREBASE_STORAGE_BUCKET,
    messagingSenderId: import.meta.env.VITE_FIREBASE_MESSAGING_SENDER_ID,
    appId: import.meta.env.VITE_FIREBASE_APP_ID,
  }) as FirebaseOptions;
```

services/web/app/root.tsx

```
- import { Links, Meta, Outlet, Scripts, ScrollRestoration } from
'@remix-run/react';
+ import { Links, Meta, Outlet, Scripts, ScrollRestoration, json, useLoaderData }
from '@remix-run/react';
+ import { FirebaseAppProvider } from 'reactfire';
  import { LoadingScreen } from '~/components/screens/LoadingScreen';
  import { DefaultLayout } from '~/layouts/DefaultLayout';
+ import { firebaseConfig } from '~/utils/firebase/config';
  import { MantineProvider, ColorSchemeScript } from '~/utils/mantine/provider';
+ import type { FirebaseOptions } from 'firebase/app';

+ export async function clientLoader() {
+   return json(firebaseConfig());
+ }
  // 略
  export default function App() {
+   const config = useLoaderData<FirebaseOptions>();
+
    return (
+     <FirebaseAppProvider firebaseConfig={config}>
        <DefaultLayout>
          <Outlet />
        </DefaultLayout>
```

```
+     </FirebaseAppProvider>
    );
  }
  // 略
```

環境変数へのアクセスにclientLoaderを使用する必要はないのですが、将来的なSSRへの移行を考えた場合、環境変数へのアクセスにはloaderを使用することになるので、移行しやすいよう今のうちからclientLoaderを使用するようにしています。

次に、Firebase Authenticationを利用できるよう、AuthProviderを設定します。

services/web/app/utils/reactfire/auth.tsx

```
import { getAuth } from 'firebase/auth';
import { AuthProvider as _AuthProvider, useFirebaseApp } from 'reactfire';
import type { ReactNode } from 'react';

export const AuthProvider = ({ children }: { children: ReactNode }) => {
  const app = useFirebaseApp();
  const auth = getAuth(app);

  return <_AuthProvider sdk={auth}>{children}</_AuthProvider>;
};
```

app/root.tsx

```
  // 略
  import { MantineProvider, ColorSchemeScript } from '~/utils/mantine/provider';
+ import { AuthProvider } from '~/utils/reactfire/auth';
  import type { FirebaseOptions } from 'firebase/app';
  // 略
  export default function App() {
    const config = useLoaderData<FirebaseOptions>();

    return (
      <FirebaseAppProvider firebaseConfig={config}>
+       <AuthProvider>
          <DefaultLayout>
            <Outlet />
          </DefaultLayout>
+       </AuthProvider>
      </FirebaseAppProvider>
    );
  }
```

```
// 略
```

7.3 認証ページのレイアウトを追加する

Firebase Authenticationを使用する準備が整ったので、認証ページを作成していきます。

認証ページではデフォルトレイアウトのメニュー部分は不要になるので、デフォルトレイアウトとは別に認証ページ用のレイアウトを作成します。

services/web/app/layouts/AuthLayout.tsx

```
import { ResponsiveLayout, useResponsiveLayoutContext } from
'~/components/layouts/ResponsiveLayout';
import { HeaderTitle } from './_components/HeaderTitle';
import type { ReactNode } from 'react';

export const AuthLayout = ({ children }: { children: ReactNode }) => {
  return <ResponsiveLayout header={{ title: <HeaderTitle />
}}>{children}</ResponsiveLayout>;
};

export const useAuthLayout = useResponsiveLayoutContext;
```

レイアウトが複数になったので、ルーティング設定を変更してページごとに適切なレイアウトを適用できるようにします。

services/web/app/root.tsx

```
  // 略
- import { DefaultLayout } from '~/layouts/DefaultLayout';
  // 略
  export default function App() {
    const config = useLoaderData<FirebaseOptions>();

    return (
      <FirebaseAppProvider firebaseConfig={config}>
        <AuthProvider>
-         <DefaultLayout>
-           <Outlet />
-         </DefaultLayout>
+         <Outlet />
        </AuthProvider>
      </FirebaseAppProvider>
```

```
  );
}
// 略
```

services/web/app/routes/_default.tsx

```
import { Outlet } from '@remix-run/react';
import { DefaultLayout as _DefaultLayout } from '~/layouts/DefaultLayout';

export default function DefaultLayout() {
  return (
    <_DefaultLayout>
      <Outlet />
    </_DefaultLayout>
  );
}
```

services/web/app/routes/_auth.tsx

```
import { Outlet } from '@remix-run/react';
import { AuthLayout as _AuthLayout } from '~/layouts/AuthLayout';

export default function AuthLayout() {
  return (
    <_AuthLayout>
      <Outlet />
    </_AuthLayout>
  );
}
```

Remixでは、app/routesディレクトリーにファイルを配置することでルーティングを設定します。

ファイル名の.がURLの/を表します。今回のようにページによってレイアウトを変えたい場合は親子ルートを作成して、親側でレイアウトを適用します。

たとえば以下のような構成の場合、fruits.bananas.tsxのレイアウトはfruits.tsx、vegetables.carrots.tsxのレイアウトはvegetables.tsxとなります。

```
app/
└── routes/
    ├── fruits.tsx
    ├── fruits.bananas.tsx
    ├── vegetables.tsx
    └── vegetables.carrots.tsx
```

また、セグメントの先頭に_を設定することで、当該セグメントはURLのパスから除外できます。

```
app/
└── routes/
    ├── fruits.tsx
    ├── fruits.bananas.tsx
    ├── _vegetables.tsx
    └── _vegetables.carrots.tsx
```

このような構成の場合、有効なURLは以下になります。

```
/fruits
/fruits/bananas
/carrots
```

サンプルファイルではレイアウトはふたつに分けつつ、URLの階層は深くしたくなかったので、レイアウトにあたる親ルート（`_default.tsx`、`_auth.tsx`）は_から始まるファイル名にしています。

Remixのルーティングについての詳細は、こちらを参照してください。

https://remix.run/docs/en/main/discussion/routes

https://remix.run/docs/en/main/file-conventions/routes

これで、デフォルトレイアウトと認証レイアウトのふたつのレイアウトをページごとに使い分けることができるようになりました。

ルートページはデフォルトレイアウトのままにしたいので、ファイル名を変更してデフォルトレイアウトが適用されるようにします。

services/web/app/routes/_index.tsx->services/web/app/routes/_default._index/route.tsx

```
// ファイル名のみ変更
```

なお、Remixでは`route.tsx`というファイルを持つディレクトリーの名前でルートを作成することもできますので、サンプルアプリではそちらの方法を採用しています。

この場合、同ディレクトリーに存在する`route.tsx`以外のファイルはルートとはみなされないので、そのルートに関連するファイルを同じディレクトリー内にまとめて格納できます。

7.4 サインインページを作成する

認証レイアウトが追加できたので、認証レイアウトを適用したサインインページを作成します。

services/web/app/routes/_auth.sign-in/SignIn.tsx

```
import { Center } from '@mantine/core';

export const SignIn = () => {
  return <Center py='lg'>SignIn</Center>;
};
```

services/web/app/routes/_auth.sign-in/route.tsx

```
import { SignIn } from './SignIn';

export default function SignInPage() {
  return <SignIn />;
}
```

これで開発環境を起動してhttp://localhost:3000/sign-inを開くと、サインインページが表示できるようになりました。

```
pnpm dev
```

図7.7: サインインページ

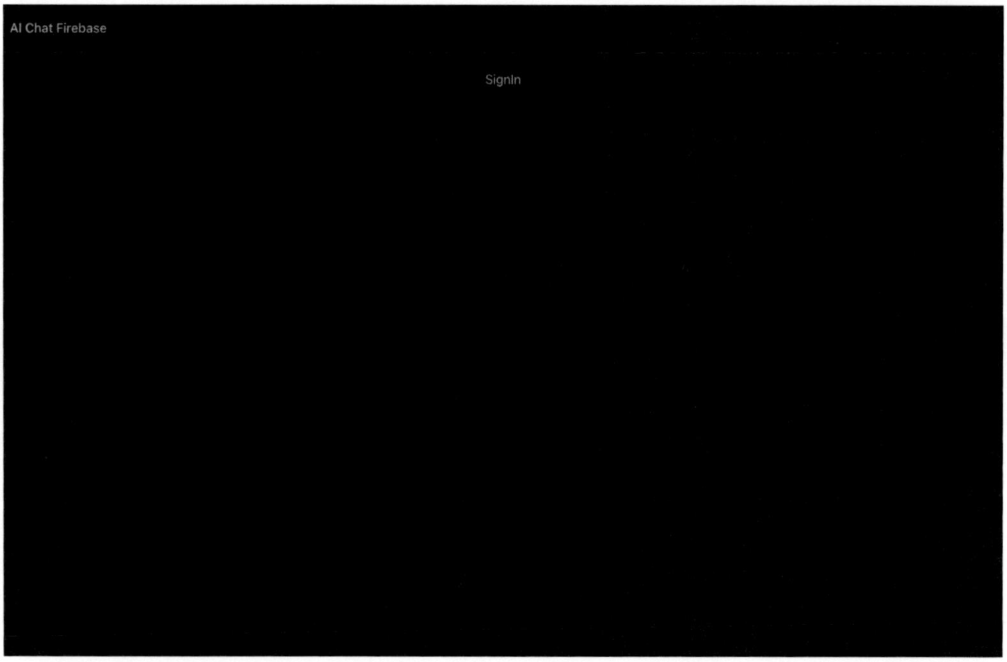

7.5 認証前はサインインページにリダイレクトするように

サインインページができた（まだ実際にサインインはできませんが）ので、未認証の場合はサインインページにリダイレクトして、チャット機能がつく予定のルートページにはアクセスできないようにします。

まず、認証情報を取得するためのカスタムフックを作成します。

services/web/app/hooks/firebase/useAuth.tsx

```
import { useState, useMemo } from 'react';
import { useSigninCheck } from 'reactfire';
import type { ParsedToken } from 'firebase/auth';

export const useAuth = () => {
  const [claims, setClaims] = useState<ParsedToken | null | undefined>();
  const { data } = useSigninCheck({
    validateCustomClaims: (userClaims) => {
      setClaims(userClaims);
      return { hasRequiredClaims: true, errors: {} };
    },
  });

  return useMemo(
    () => ({
      user: data?.user,
      claims,
      signedIn: data?.signedIn,
    }),
    [data, claims],
  );
};
```

次にデフォルトレイアウトで認証情報を取得し、未認証の場合はサインインページへリダイレクトするようにします。

services/web/app/layouts/DefaultLayout.tsx

```
+ import { useNavigate } from '@remix-run/react';
+ import { useEffect } from 'react';
  import { ResponsiveLayout, useResponsiveLayoutContext } from
'~/components/layouts/ResponsiveLayout';
+ import { LoadingScreen } from '~/components/screens/LoadingScreen';
+ import { useAuth } from '~/hooks/firebase/useAuth';
  import { AccountMenu } from './_components/AccountMenu';
```

```
  // 略
  export const DefaultLayout = ({ children }: { children: ReactNode }) => {
+   const navigate = useNavigate();
+   const { signedIn } = useAuth();
+
+   useEffect(() => {
+     if (signedIn === false) navigate('/sign-in');
+   }, [signedIn, navigate]);
+
+   if (!signedIn) return <LoadingScreen />;
+
    return (
      <ResponsiveLayout
        header={{ title: <HeaderTitle /> }}
        navbar={{ fixedMenu: <FixedMenu />, navMenu: <NavMenu />, accountMenu:
<AccountMenu /> }}
      >
        {children}
      </ResponsiveLayout>
    );
  };
  // 略
```

ついでに認証レイアウトで認証情報を取得し、認証済みの場合はルートページへリダイレクトするようにしておきます。

services/web/app/layouts/AuthLayout.tsx

```
+ import { useNavigate } from '@remix-run/react';
+ import { useEffect } from 'react';
  import { ResponsiveLayout, useResponsiveLayoutContext } from
'~/components/layouts/ResponsiveLayout';
+ import { LoadingScreen } from '~/components/screens/LoadingScreen';
+ import { useAuth } from '~/hooks/firebase/useAuth';
  import { HeaderTitle } from './_components/HeaderTitle';
  import type { ReactNode } from 'react';

  export const AuthLayout = ({ children }: { children: ReactNode }) => {
+   const navigate = useNavigate();
+   const { signedIn } = useAuth();
+
+   useEffect(() => {
```

```
+      if (signedIn === true) navigate('/');
+    }, [signedIn, navigate]);
+
+    if (signedIn === undefined) return <LoadingScreen />;
+
     return <ResponsiveLayout header={{ title: <HeaderTitle />
}}>{children}</ResponsiveLayout>;
  };
  // 略
```

これで、認証しなければルートページにアクセスできなくなりました。

7.6 サインインできるように

今のままだとサインインページにしかアクセスできないので、サインインページで実際にサインインできるようにします。

まず、サインイン機能の実装に必要なパッケージをインストールします。

```
pnpm web add @mantine/notifications @tabler/icons-react
```

サインインしたときに通知を出すためのユーティリティ関数を作成します。

services/web/app/utils/mantine/notifications.ts

```
import { notifications } from '@mantine/notifications';

const info = ({ message }: { message: string }) => {
  notifications.show({
    message,
  });
};

const error = ({ message }: { message: string }) => {
  notifications.show({
    message,
    color: 'red',
  });
};

export const notify = { info, error };
```

あわせて、作成したユーティリティ関数を使用できるように、MantineのNotificationsを有効にします。

services/web/app/utils/mantine/provider.tsx

```
  import '@mantine/core/styles.css';
+ import '@mantine/notifications/styles.css';
  import { ColorSchemeScript as _ColorSchemeScript, MantineProvider as
_MantineProvider } from '@mantine/core';
+ import { Notifications } from '@mantine/notifications';
  import type { ReactNode } from 'react';
  // 略
  export const MantineProvider = ({ children }: { children: ReactNode }) => {
    return (
      <_MantineProvider defaultColorScheme={DEFAULT_COLOR_SCHEME}>
+       <Notifications />
        {children}
      </_MantineProvider>
    );
  };
```

Google認証でサインインするための関数を作成します。

services/web/app/utils/firebase/auth.ts

```
import { getAuth, signInWithPopup, GoogleAuthProvider } from 'firebase/auth';

const signInWithGoogle = async () => {
  const provider = new GoogleAuthProvider();
  return signInWithPopup(getAuth(), provider);
};

export { signInWithGoogle };
```

サインインフォームを作成します。

services/web/app/components/forms/auth/SignInWithGoogleForm.tsx

```
import { Button } from '@mantine/core';
import { IconBrandGoogle } from '@tabler/icons-react';
import { useCallback, useState } from 'react';
import { signInWithGoogle } from '~/utils/firebase/auth';
import { notify } from '~/utils/mantine/notifications';

export const SignInWithGoogleForm = ({ onSubmit }: { onSubmit?: () => void }) =>
{
```

```
  const [loading, setLoading] = useState(false);
  const handleClick = useCallback(async () => {
    try {
      setLoading(true);
      await signInWithGoogle();
      notify.info({ message: 'サインインしました' });
      onSubmit?.();
    } catch (error) {
      console.error(error);
      notify.error({ message: 'サインインに失敗しました' });
    } finally {
      setLoading(false);
    }
  }, [onSubmit, setLoading]);

  return (
    <Button
      loading={loading}
      onClick={handleClick}
      variant='default'
      leftSection={<IconBrandGoogle />}
      aria-label='Sign in with Google'
    >
      Sign in with Google
    </Button>
  );
};
```

作成したサインインフォームをサインインページに組み込みます。

services/web/app/routes/_auth.sign-in/SignIn.tsx

```
  import { Center } from '@mantine/core';
+ import { SignInWithGoogleForm } from '~/components/forms/auth/SignInWithGoogle
Form';

  export const SignIn = () => {
    return (
      <Center py='lg'>
-       SignIn
+       <SignInWithGoogleForm />
      </Center>
```

```
  );
};
```

これで、Google認証によるサインインができるようになりました。
開発環境を起動して、実際にサインインしてみましょう。

```
pnpm dev
```

図7.8: Google認証フォーム

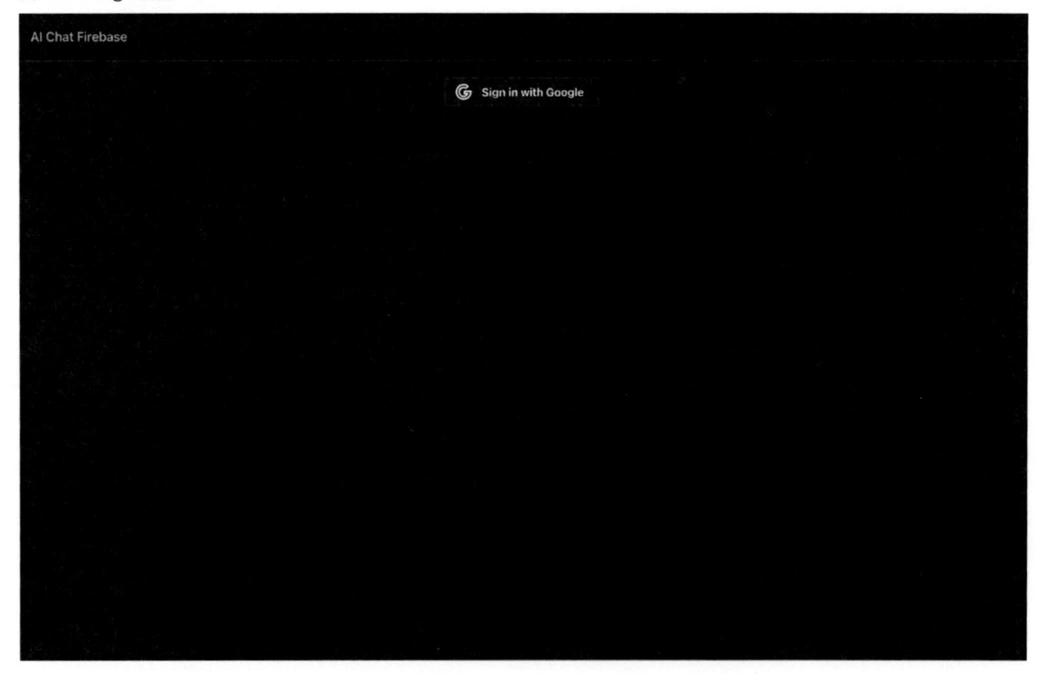

「Sign in with Google」ボタンをクリックして、Google認証を行います。

図7.9: サインイン成功

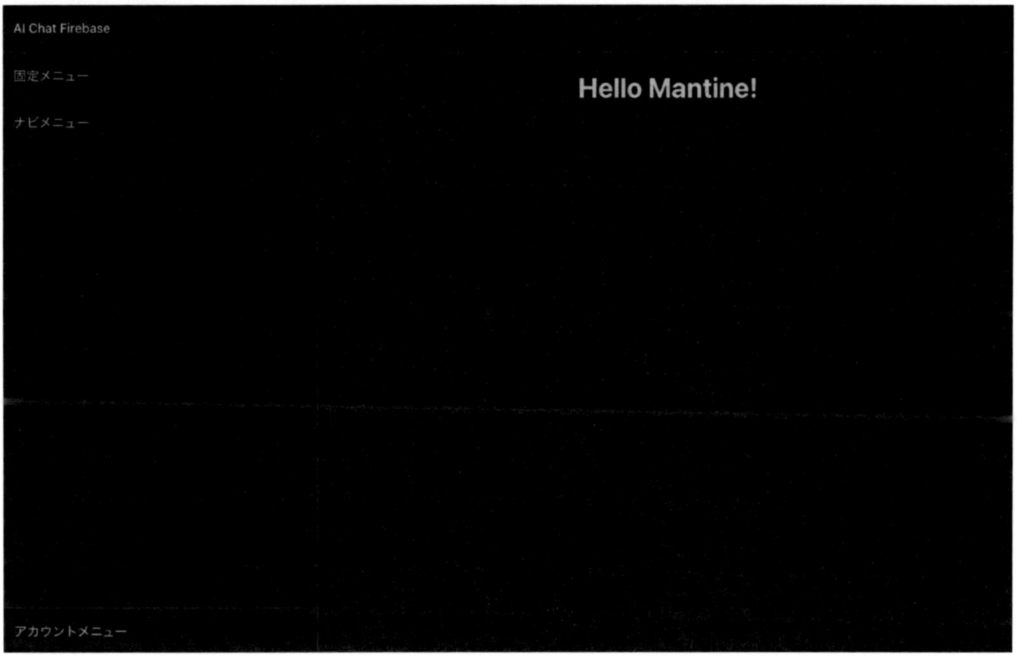

サインインに成功してルートページが表示されたら、サインイン機能の完成です。

7.7 サインアウトできるように

サインインできるようになったので、次はサインアウトできるようにします。
まずはサインアウトの実装に必要なパッケージをインストールします。

```
pnpm web add @mantine/modals
```

サインアウト時に、確認ダイアログを出すためのユーティリティ関数を作成します。

services/web/app/utils/mantine/modals.tsx

```
import { Text } from '@mantine/core';
import { openConfirmModal } from '@mantine/modals';
import type { ReactNode } from 'react';

export const confirm = ({
  title,
  message,
  onConfirm,
}: {
  title?: ReactNode;
```

```
  message: ReactNode;
  onConfirm: Parameters<typeof openConfirmModal>[0]['onConfirm'];
}) =>
  openConfirmModal({
    title,
    children: typeof message === 'string' ? <Text size='sm'>{message}</Text> :
message,
    labels: { confirm: 'OK', cancel: 'Cancel' },
    onConfirm,
  });
```

あわせてユーティリティ関数が使用できるように、MantineのModalsを有効にします。

services/web/app/utils/mantine/provider.tsx

```
  // 略
  import { ColorSchemeScript as _ColorSchemeScript, MantineProvider as
_MantineProvider } from '@mantine/core';
+ import { ModalsProvider } from '@mantine/modals';
  import { Notifications } from '@mantine/notifications';
  // 略
  export const MantineProvider = ({ children }: { children: ReactNode }) => {
    return (
      <_MantineProvider defaultColorScheme={defaultColorScheme}>
        <Notifications />
-       {children}
+       <ModalsProvider>{children}</ModalsProvider>
      </_MantineProvider>
    );
  };
```

サインアウトするための関数を作成します。

services/web/app/utils/firebase/auth.ts

```
- import { getAuth, signInWithPopup, GoogleAuthProvider } from 'firebase/auth';
+ import { getAuth, signOut as _signOut, signInWithPopup, GoogleAuthProvider }
from 'firebase/auth';

  const signInWithGoogle = async () => {
    const provider = new GoogleAuthProvider();
    return signInWithPopup(getAuth(), provider);
  };
```

```
+ const signOut = async () => _signOut(getAuth());

- export { signInWithGoogle };
+ export { signInWithGoogle, signOut };
```

アカウントメニューからサインアウトできるようにします。

services/web/app/components/elements/buttons/UnstyledConfirmButton.tsx

```
import { UnstyledButton, createPolymorphicComponent } from '@mantine/core';
import { useCallback, forwardRef } from 'react';
import { confirm } from '~/utils/mantine/modals';
import type { UnstyledButtonProps } from '@mantine/core';
import type { ReactNode } from 'react';

type Props = UnstyledButtonProps & {
  title?: Parameters<typeof confirm>[0]['title'];
  message: Parameters<typeof confirm>[0]['message'];
  onConfirm: Parameters<typeof confirm>[0]['onConfirm'];
  children: ReactNode;
};

const _UnstyledConfirmButton = forwardRef<HTMLButtonElement, Props>(
  ({ title, message, onConfirm, children, ...props }: Props, ref) => {
    const handleClick = useCallback(() => {
      confirm({ title, message, onConfirm });
    }, [title, message, onConfirm]);

    return (
      <UnstyledButton {...props} ref={ref} onClick={handleClick}>
        {children}
      </UnstyledButton>
    );
  },
);
_UnstyledConfirmButton.displayName = 'UnstyledConfirmButton';

export const UnstyledConfirmButton = createPolymorphicComponent<'button', Props,
typeof _UnstyledConfirmButton>(
  _UnstyledConfirmButton,
);
```

services/web/app/layouts/_components/AccountMenu.tsx

```
+ import { Avatar, Box, Group, NavLink, Text } from '@mantine/core';
+ import { useNavigate } from '@remix-run/react';
+ import { useCallback } from 'react';
+ import { UnstyledConfirmButton } from '~/components/elements/buttons/UnstyledCon
firmButton';
+ import { useAuth } from '~/hooks/firebase/useAuth';
+ import { signOut } from '~/utils/firebase/auth';
+ import { notify } from '~/utils/mantine/notifications';
+
  export const AccountMenu = () => {
-   return <div>アカウントメニュー</div>;
+   const navigate = useNavigate();
+   const { user } = useAuth();
+   const handleConfirmSignOut = useCallback(async () => {
+     await signOut();
+     notify.info({
+       message: 'サインアウトしました',
+     });
+   }, []);
+
+   return (
+     <Box aria-label='アカウントメニュー'>
+       {user ? (
+         <>
+           <NavLink
+             label={
+               <Group wrap='nowrap'>
+                 <Avatar size='sm' />
+                 <Text truncate='end'>{user.email}</Text>
+               </Group>
+             }
+           >
+             <NavLink
+               label='サインアウト'
+               component={UnstyledConfirmButton}
+               message='本当にサインアウトしますか？'
+               onConfirm={handleConfirmSignOut}
+             />
+           </NavLink>
+         </>
```

```
+        ) : (
+          <>
+            <NavLink label='サインイン' onClick={() => navigate('sign-in', {
replace: true })}></NavLink>
+          </>
+        )}
+      </Box>
+    );
  };
```

これで、アカウントメニューからサインアウトできるようになりました。
開発環境を起動して、実際にサインアウトしてみましょう。

```
pnpm dev
```

図7.10: アカウントメニュー追加

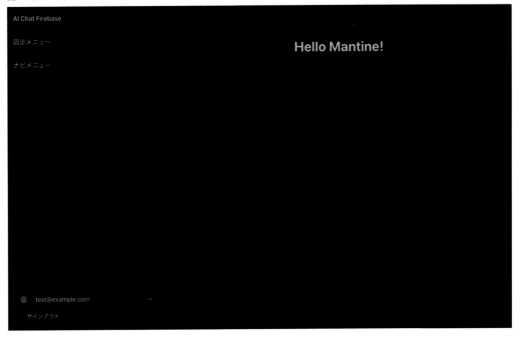

「サインアウト」をクリックしたら、確認ダイアログが表示されます。

図7.11: サインアウトの確認ダイアログ

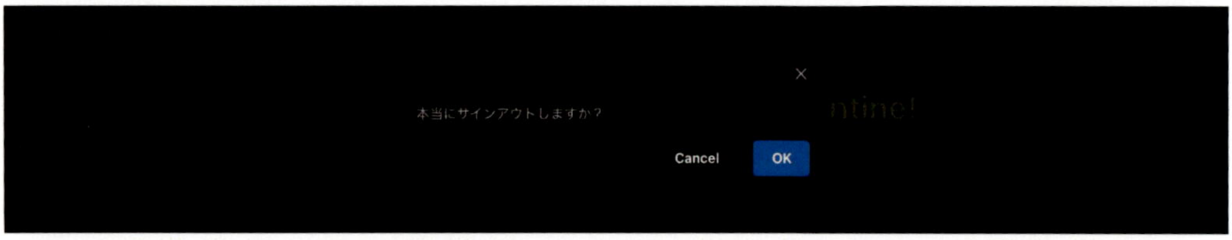

「OK」をクリックします。

図7.12: サインアウト成功

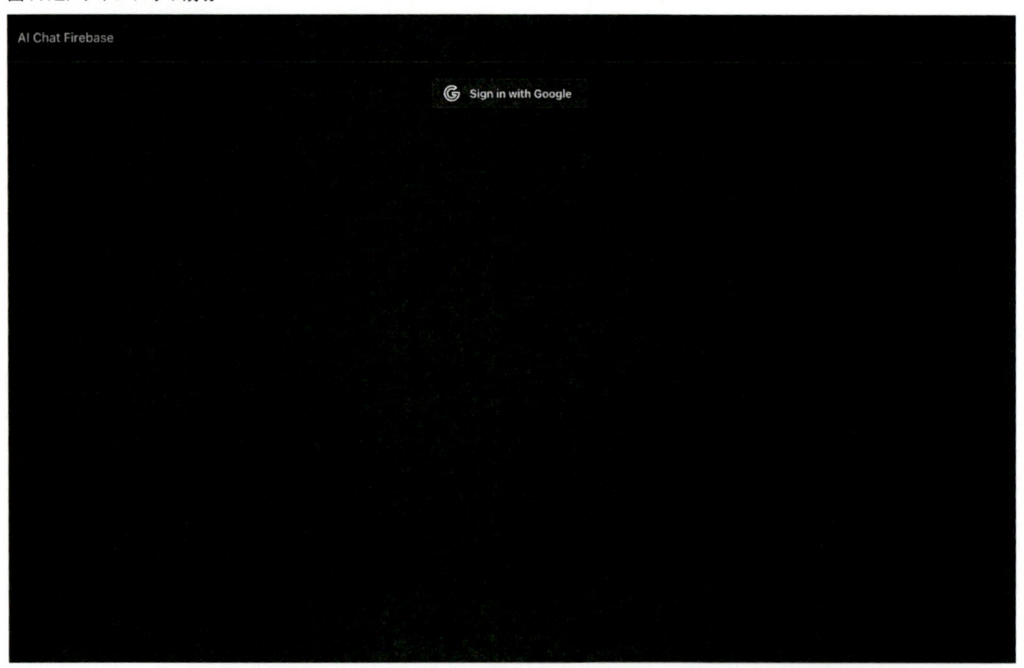

サインアウトに成功してサインインページが表示されたら、サインアウト機能の完成です。

7.8 デプロイする

認証機能が完成したので、デプロイできることを確認しましょう。

```
pnpm deploy:web
```

なお、サンプルアプリは認証時にアカウントのチェックを行っていないので、Googleアカウントを持っていれば誰でもサインインできるようになっています。

必要な場合は、Firebase AuthenticationをIdentity Platformにアップグレードして、beforeCreate、beforeSignInなどのブロッキング関数でアカウントのチェックに挑戦してみてください。

ブロッキング関数に関する詳細は、こちらを参照してください。

https://firebase.google.com/docs/auth/extend-with-blocking-functions

第8章　Cloud Firestoreのデータ設計をする

本章からは、いよいよ生成AIとのチャット機能を作っていきます。

本章では、チャットデータの格納先となるCloud Firestoreの有効化とデータモデルの設計を行っていきます。

8.1　Cloud Firestoreを有効化する

Firebaseコンソール（https://console.firebase.google.com）でサンプルプロジェクトを開き、チャットデータを格納するためのFirestoreを有効化します。

まずはFirestore Databaseを開き、「データベースの作成」をクリックします。

図8.1: データベースの作成

データベースのロケーションを選択し、「次へ」をクリックします。

図8.2: データベースのロケーションを設定

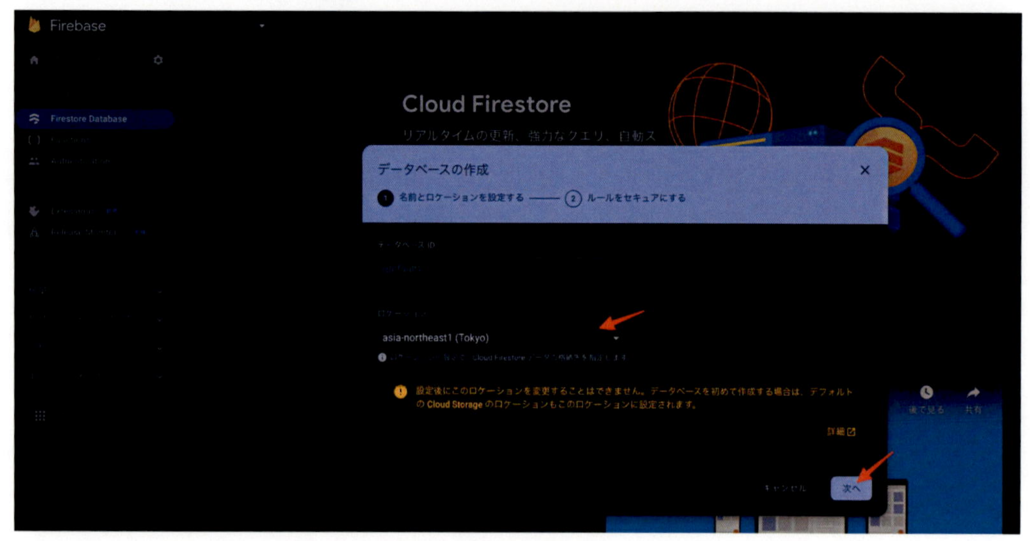

本番環境モードで開始するを選択し、「作成」をクリックします。

図8.3: データベースのモードを選択

しばらくしたら、Cloud Firestoreのデータベースが作成されます。

図8.4: データベースの作成完了

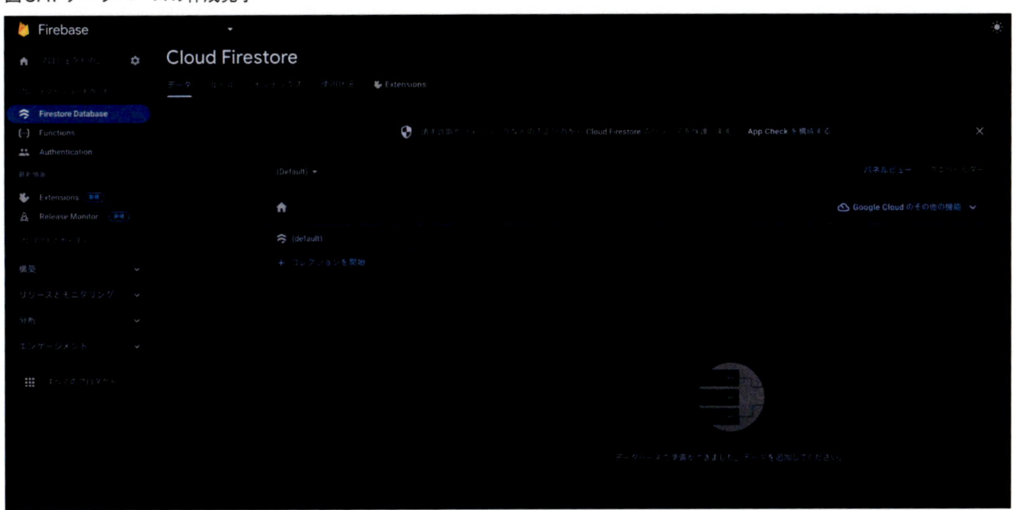

8.2 Cloud Firestoreを初期化する

Firebaseコンソールで Cloud Firestoreの有効化が完了したら、次はターミナルでFirebase CLIを実行してCloud Firestoreを初期化します。

```
firebase init firestore
```

コマンドは対話形式になっているので、適宜求められた回答を入力していきます。

```
What file should be used for Firestore Rules? (firestore.rules)
```

デフォルトのファイルで問題ないので、そのままEnterをクリックします。

```
What file should be used for Firestore indexes? (firestore.indexes.json)
```

デフォルトのファイルで問題ないので、そのままEnterをクリックします。

```
Firebase initialization complete!
```

初期化が完了したら、`firebase.json`ファイルにCloud Firestoreの設定が追加され、`firestore.rules`ファイルと`firestore.indexes.json`ファイルが作成されます。

firebase.json

```
  {
    // 略
-   ]
+   ],
+   "firestore": {
+     "rules": "firestore.rules",
+     "indexes": "firestore.indexes.json"
+   }
  }
```

firestore.rules

```
rules_version = '2';

service cloud.firestore {
  match /databases/{database}/documents {
    match /{document=**} {
      allow read, write: if false;
    }
  }
}
```

firestore.indexes.json

```
{
  "indexes": [],
  "fieldOverrides": []
```

```
}
```

8.3 ReactFireのFirestoreProviderを設定する

初期化が完了したら、アプリでCloud Firestoreを使用できるよう、ReactFireのFirestoreProviderを設定します。

services/web/app/utils/reactfire/firestore.tsx

```
import { getFirestore } from 'firebase/firestore';
import { FirestoreProvider as _FirestoreProvider, useFirebaseApp } from
'reactfire';
import type { ReactNode } from 'react';

export const FirestoreProvider = ({ children }: { children: ReactNode }) => {
  const app = useFirebaseApp();
  const firestore = getFirestore(app);

  return <_FirestoreProvider sdk={firestore}>{children}</_FirestoreProvider>;
};
```

services/web/app/root.tsx

```
  // 略
  import { AuthProvider } from '~/utils/reactfire/auth';
+ import { FirestoreProvider } from '~/utils/reactfire/firestore';
  import type { FirebaseOptions } from 'firebase/app';
  // 略
  export default function App() {
    const config = useLoaderData<FirebaseOptions>();

    return (
      <FirebaseAppProvider firebaseConfig={config}>
        <AuthProvider>
+         <FirestoreProvider>
            <Outlet />
+         </FirestoreProvider>
        </AuthProvider>
      </FirebaseAppProvider>
    );
  }
  // 略
```

8.4 モデルの型を作成する

Cloud Firestoreを使用する準備が整ったので、モデルの型を作成します。

モデルの型は、クライアントサイドとサーバーサイドで共有したいので、ローカルパッケージに作成します。

まずは必要なライブラリーをインストールします。

```
pnpm shared add -D firebase firebase-admin
```

ライブラリーがインストールできたら、型を作成します。

Firestoreのタイムスタンプはクライアントサイドとサーバーサイドで型が異なるので、どちらでも使用できるようにします。

packages/shared/src/types/firebase.ts

```
+ import type { Timestamp as ClientTimestamp } from 'firebase/firestore';
+ import type { Timestamp as AdminTimestamp } from 'firebase-admin/firestore';

  export type WithId<Data> = Data & { id: string };

+ export type Timestamp = ClientTimestamp | AdminTimestamp;
```

packages/shared/src/types/thread.ts

```
import type { Timestamp, WithId } from './firebase.js';

export type ThreadData = {
  createdAt: Timestamp;
  updatedAt: Timestamp;
  title: string;
  uid: string;
};

export type Thread = WithId<ThreadData>;
```

packages/shared/src/types/threadContent.ts

```
import type { Timestamp, WithId } from './firebase.js';

export type Message = {
  role: 'human' | 'ai';
  contents: {
    type: 'text';
    value: string;
```

```
  }[];
};

export type ThreadContentData = {
  createdAt: Timestamp;
  updatedAt: Timestamp;
  model: 'gemini-pro';
  messages: Message[];
  uid: string;
};

export type ThreadContent = WithId<ThreadContentData>;
```

packages/shared/src/types/index.ts

```
  export * from './firebase.js';
+ export * from './thread.js';
+ export * from './threadContent.js';
```

サンプルアプリでは、ナビメニューに表示するチャット履歴のデータ（Thread）と各チャット履歴のメッセージデータ（ThreadContent）を別モデルに分けています。

チャット履歴を表すThreadモデルにメッセージデータを入れると、履歴表示のためのデータに全履歴のメッセージ内容まで含まれてしまい、Cloud Firestoreの読み込みサイズが無駄に大きくなってしまいます。

そこで、Threadモデルには履歴表示に必要な最低限のデータのみを格納し、実際のチャットに必要なデータはThreadContentモデルに格納する構成としました。

また、Cloud Firestoreでチャットを実現する場合、通常は、チャットメッセージごとにドキュメントを分ける構成を採用しますが、今回はひとつのドキュメントに配列としてチャットメッセージを格納しています。

生成AIと会話のキャッチボールをするためには、事前のメッセージも含めて生成AIにインプットし、会話の流れを理解してもらう必要があります。

チャットメッセージごとにドキュメントを分ける構成でも全ドキュメントを取得して生成AIにインプットすればよいのですが、それだとCloud Firestoreの読み込み回数が増えてしまいます。なので、今回はひとつのドキュメントに配列としてメッセージを格納する構成にしました。

さらに、将来的にマルチモーダルにも対応できるよう、メッセージに複数コンテンツを設定できる設計にしています。

なお、サンプルアプリはGoogle Cloudつながりということで、まずはGemini Proとの連携を目指すので、生成AIモデルのフィールドmodelはまずはgemini-proのみにしています。

生成AI業界は変化がものすごく早いので、読者の方がこの本を読む頃には記載しているモデルが使用できなくなっているかもしれません。そのときは使用可能な生成AIモデルに置き換えて読み進めていってください。

ローカルパッケージを更新したので、ビルドします。

```
pnpm build:shared
```

これで、共有の型データが作成できました。

8.5 セキュリティールールを設定する

データ構成が決まったので、次は各モデル（コレクション）のセキュリティールールを設定します。

firestore.rules

```
  rules_version = '2';

  service cloud.firestore {
    match /databases/{database}/documents {
-     match /{document=**} {
-       allow read, write: if false;
-     }
+     function isSignedIn() {
+       return request.auth != null;
+     }
+     function isOwn(uid) {
+       return isSignedIn() && request.auth.uid == uid;
+     }
+     function isNew() {
+       return resource == null;
+     }
+     function documentPath(paths) {
+       return path(['databases', database, 'documents'].concat(paths).join('/'));
+     }
+
+     match /threads/{threadId} {
+       allow read: if isOwn(resource.data.uid);
+       allow create: if isOwn(request.resource.data.uid) &&
existsAfter(documentPath(['threadContents', threadId]));
+       allow delete: if isOwn(resource.data.uid) && !existsAfter(documentPath
```

```
(['threadContents', threadId]));
+      }
+
+      match /threadContents/{threadId} {
+        allow get: if (isSignedIn() && isNew()) || isOwn(resource.data.uid);
+        allow create: if isOwn(request.resource.data.uid) &&
existsAfter(documentPath(['threads', threadId]));
+        allow update: if isOwn(resource.data.uid);
+        allow delete: if isOwn(resource.data.uid) && !existsAfter(documentPath
(['threads', threadId]));
+      }
    }
  }
```

それぞれのコレクションは、以下のようなルールになっています。

- threadsコレクション
  - 自身のデータであればドキュメントIDを指定せずにデータを一覧で取得できる（ただし、同じドキュメントIDのthreadContentデータも同時に作成される必要がある）
  - 自身のデータであれば作成できる
  - 自身のデータであれば削除できる（ただし、同じドキュメントIDのthreadContentデータも同時に削除される必要がある）
- threadContentsコレクション
  - 誰のものでもない新しいデータまたは自身のデータであればドキュメントIDを指定してデータを取得できる
  - 自身のデータであれば作成できる（ただし、同じドキュメントIDのthreadデータも同時に作成される必要がある）
  - 自身のデータであれば更新できる
  - 自身のデータであれば削除できる（ただし、同じドキュメントIDのthreadデータも同時に削除される必要がある）

ThreadとTreadContentは同じドキュメントIDにすることで、対になるデータが判別しやすいようにしています。

また、ThreadとThreadContentはバッチ処理で同時に作成（削除）することでデータの整合性を保つ想定ですので、セキュリティールールもそれを前提としたルールにしています。

8.6　デプロイする

セキュリティールールを設定したので、デプロイしておきます。

```
pnpm deploy:web
```

Firebaseコンソール上でデプロイされたルールを確認できます。ルールの書き方に誤りがある場合はエラーを表示してくれますので、非常に便利です。

図8.5: セキュリティールール

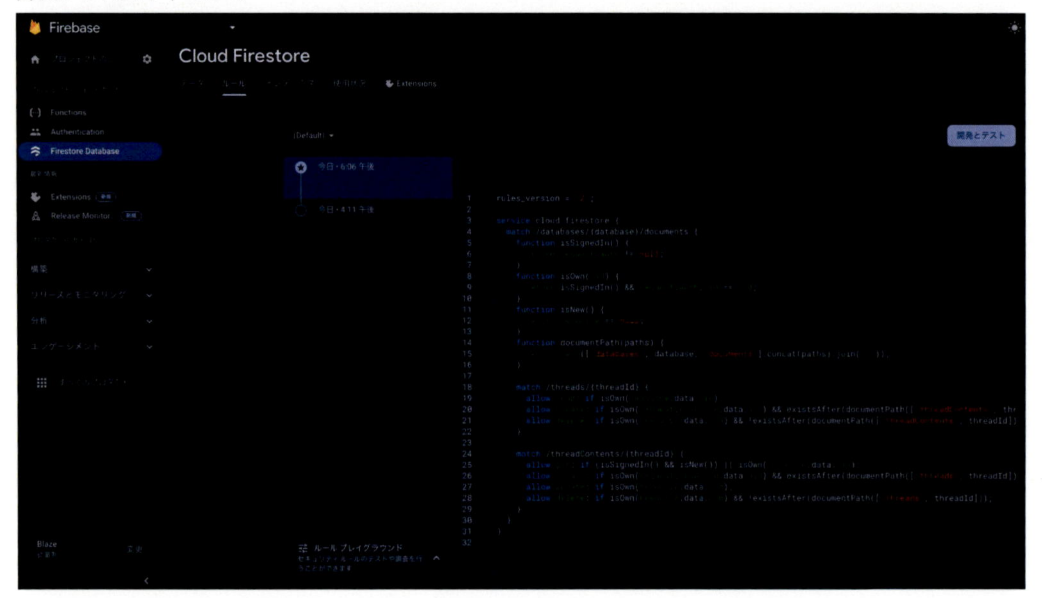

第9章　UIを作成する

データ構成が決まったので、ユーザーインターフェースを作成していきます。

9.1　メインコンテンツにチャット画面を作成する

まずは、ルートページのメインコンテンツにチャット画面を作成します。

services/web/app/routes/_default._index/_components/_styles/Chat.module.css

```
.messages {
  overflow: auto;
}
```

services/web/app/routes/_default._index/_components/Chat.tsx

```
import { ActionIcon, Box, Group, Stack, Textarea } from '@mantine/core';
import { useElementSize } from '@mantine/hooks';
import { IconSend } from '@tabler/icons-react';
import classes from './_styles/Chat.module.css';

const FORM_MARGIN = 32;

export const Chat = ({ height }: { height: number }) => {
  const { ref: formRef, height: formHeight } = useElementSize();
  const scrollAreaHeight = height - formHeight - FORM_MARGIN * 2;

  return (
    <Stack gap={0} justify='space-between'>
      <Box h={scrollAreaHeight} className={classes.messages}>
        {[...new Array(20)].map((_, index) => (
          <Box key={index} p={16}>
            Message {index + 1}
          </Box>
        ))}
      </Box>
      <Group wrap='nowrap' m={FORM_MARGIN} ref={formRef}>
        <Textarea
          placeholder='Type a message...'
          w='100%'
          autosize
```

```
          size='md'
          minRows={1}
          rightSection={
            <ActionIcon variant='subtle' color='gray'>
              <IconSend />
            </ActionIcon>
          }
        />
      </Group>
    </Stack>
  );
};
```

services/web/app/routes/_default._index/Root.tsx

```
import { Box } from '@mantine/core';
import { useDefaultLayout } from '~/layouts/DefaultLayout';
import { Chat } from './_components/Chat';

export const Root = () => {
  const {
    main: { height: pageHeight },
  } = useDefaultLayout();

  return (
    <Box h={pageHeight}>
      <Chat height={pageHeight} />
    </Box>
  );
};
```

services/web/app/routes/_default._index/route.tsx

```
- import { Center, Title } from '@mantine/core';
+ import { Root } from './Root';
  // 略
- export default function Index() {
-   return (
-     <Center p='lg'>
-       <Title>Hello Mantine!</Title>
-     </Center>
-   );
+ export default function RootPage() {
```

```
+   return <Root />;
  }
```

これでなんとなくのチャット画面ができました。
開発環境で実際に確認してみましょう。

```
pnpm dev
```

図9.1: メインコンテンツにチャット画面を追加

9.2 チャットメッセージのデザインを調整する

今のままでは使いづらいので、ユーザーと生成AIのメッセージが区別できるようにデザインを調整します。ついでに、メッセージ表示をマークダウンに対応させておきます。
まずは必要なパッケージをインストールします。

```
pnpm web add react-markdown
```

パッケージがインストールできたら、メッセージのデザインを調整します。デザインを調整するついでに、Chatコンポーネントが肥大化しすぎないよう、メッセージ表示部分とフォーム部分をコンポーネントに切り出しておきます。

services/web/app/routes/_default._index/_components/ChatForm.tsx

```
import { ActionIcon, Group, Textarea } from '@mantine/core';
import { IconSend } from '@tabler/icons-react';
import { forwardRef } from 'react';
import type { GroupProps } from '@mantine/core';

export const ChatForm = forwardRef<HTMLDivElement, GroupProps>((props, ref) => {
  return (
    <Group wrap='nowrap' ref={ref} {...props}>
      <Textarea
        placeholder='Type a message...'
        w='100%'
        autosize
        size='md'
        minRows={1}
        rightSection={
          <ActionIcon variant='subtle' color='gray'>
            <IconSend />
          </ActionIcon>
        }
      />
    </Group>
  );
});
ChatForm.displayName = 'ChatForm';
```

services/web/app/routes/_default._index/_components/_styles/ChatMessage.module.css

```
.contents {
  overflow: auto;
}
```

services/web/app/routes/_default._index/_components/ChatMessage.tsx

```
import { Card, Group, Box, Stack } from '@mantine/core';
import { IconRobot, IconUser } from '@tabler/icons-react';
import Markdown from 'react-markdown';
import classes from './_styles/ChatMessage.module.css';
import type { Message } from '@local/shared';

export const ChatMessage = ({ message }: { message: Message }) => {
  return (
    <Card radius={0} {...(message.role === 'ai' && { bg: 'dark.4' })} py={0}>
```

```
      <Group align='top' wrap='nowrap'>
        <Box py='md'>{message.role === 'ai' ? <IconRobot /> : <IconUser />}</Box>
        <Stack gap={0} className={classes.contents}>
          {message.contents.map((content, index) => (
            <Box key={index}>
              <Markdown>{content.value}</Markdown>
            </Box>
          ))}
        </Stack>
      </Group>
    </Card>
  );
};
```

services/web/app/routes/_default._index/_components/Chat.tsx

```
- import { ActionIcon, Box, Group, Stack, Textarea } from '@mantine/core';
+ import { Box, Stack } from '@mantine/core';
  import { useElementSize } from '@mantine/hooks';
- import { IconSend } from '@tabler/icons-react';
+ import { ChatForm } from './ChatForm';
+ import { ChatMessage } from './ChatMessage';
  import classes from './_styles/Chat.module.css';
  // 略
  export const Chat = ({ height }: { height: number }) => {
    // 略
    return (
      <Stack gap={0} justify='space-between'>
        <Box h={scrollAreaHeight} className={classes.messages}>
          {[...new Array(20)].map((_, index) => (
-           <Box key={index} p={16}>
-             Message {index + 1}
-           </Box>
+           <ChatMessage
+             key={index}
+             message={{
+               role: index % 2 === 0 ? 'ai' : 'human',
+               contents: [
+                 { type: 'text', value: 'Message1' },
+                 { type: 'text', value: 'Message2' },
+               ],
+             }}
```

```
+           />
          ))}
        </Box>
-       <Group wrap='nowrap' m={FORM_MARGIN} ref={formRef}>
-         <Textarea
-           placeholder='Type a message...'
-           w='100%'
-           autosize
-           size='md'
-           minRows={1}
-           rightSection={
-             <ActionIcon variant='subtle' color='gray'>
-               <IconSend />
-             </ActionIcon>
-           }
-         />
-       </Group>
+       <ChatForm m={FORM_MARGIN} ref={formRef} />
      </Stack>
    );
  };
```

これで、チャットメッセージが見やすくなりました。

図9.2: チャットメッセージのデザインを調整

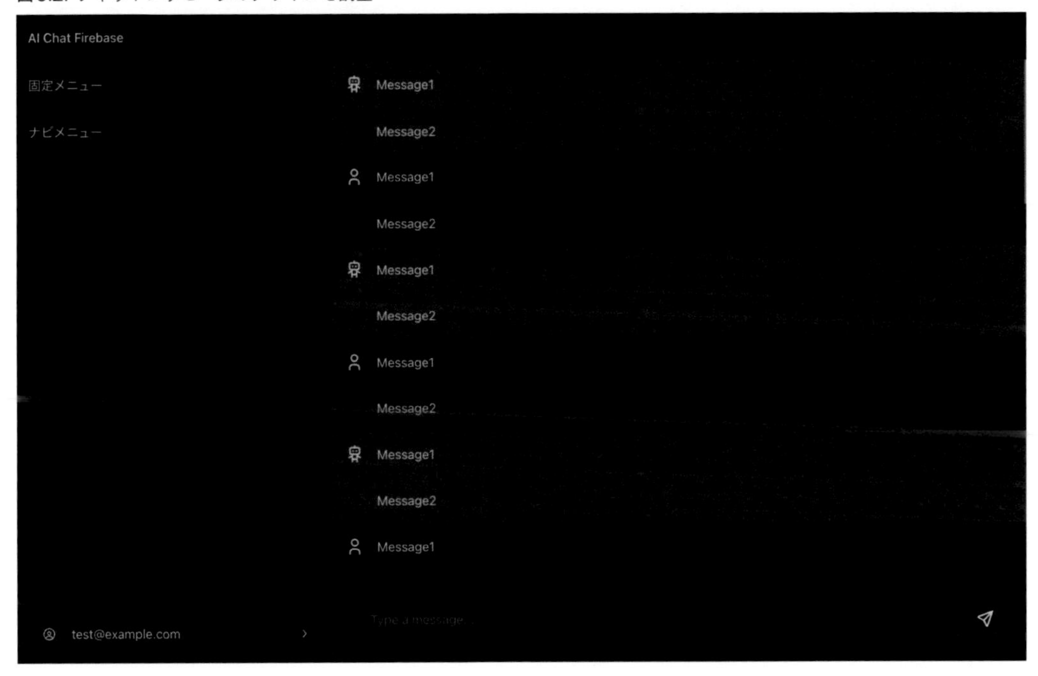

9.3 データアクセス用のユーティリティ関数を作成する

チャット画面が整ったので、Cloud Firestoreデータへのアクセス部分を実装していきます。まずはThreadモデル、ThreadContentモデルのユーティリティ関数を作成します。

services/web/app/utils/firebase/firestore.ts

```
import type { WithId } from '@local/shared';
import type { DocumentData, FirestoreDataConverter, WithFieldValue } from
'firebase/firestore';

const getConverter = <T extends DocumentData>(): FirestoreDataConverter<WithId<T>,
T> => ({
  toFirestore: (data) => {
    // eslint-disable-next-line @typescript-eslint/no-unused-vars
    const { id, ...rest } = data;
    return rest as WithFieldValue<T>;
  },
  fromFirestore: (snapshot, options): WithId<T> => {
    return { id: snapshot.id, ...snapshot.data(options) } as WithId<T>;
  },
});
```

```
export { getConverter };
```

services/web/app/models/threadContent.ts

```
import { collection, doc, getFirestore, serverTimestamp, updateDoc } from
'firebase/firestore';
import { getConverter } from '~/utils/firebase/firestore';
import type { ThreadContentData } from '@local/shared';
import type { UpdateData } from 'firebase/firestore';

export const threadContentConverter = getConverter<ThreadContentData>();

export const threadContentsRef = () =>
  collection(getFirestore(), 'threadContents').withConverter(threadContentConver
ter);

export const threadContentRef = ({ id }: { id?: string | null }) =>
  id ? doc(threadContentsRef(), id) : doc(threadContentsRef());

export const updateThreadContent = async ({ id, data }: { id: string; data:
UpdateData<ThreadContentData> }) =>
  updateDoc(threadContentRef({ id }), { ...data, updatedAt: serverTimestamp() });
```

services/web/app/models/thread.ts

```
import { collection, doc, getFirestore, orderBy, query, serverTimestamp, where,
writeBatch } from 'firebase/firestore';
import { getConverter } from '~/utils/firebase/firestore';
import { threadContentRef } from './threadContent';
import type { ThreadData, ThreadContentData } from '@local/shared';

export const threadConverter = getConverter<ThreadData>();

export const threadsRef = () => collection(getFirestore(),
'threads').withConverter(threadConverter);

export const threadRef = ({ id }: { id?: string | null }) => (id ?
doc(threadsRef(), id) : doc(threadsRef()));

export const threadByUidQuery = ({ uid }: { uid: string }) =>
  query(threadsRef(), where('uid', '==', uid), orderBy('createdAt', 'desc'));

export const createThreadAndContent = async ({
```

```
  id,
  uid,
  title,
  model,
  messages,
}: {
  id: string;
  uid: ThreadData['uid'];
  title: ThreadData['title'];
  model: ThreadContentData['model'];
  messages: ThreadContentData['messages'];
}) => {
  const batch = writeBatch(getFirestore());
  batch.set(
    threadRef({ id }),
    { title, uid, createdAt: serverTimestamp(), updatedAt: serverTimestamp() },
    { merge: false },
  );
  batch.set(
    threadContentRef({ id }),
    { model, uid, messages, createdAt: serverTimestamp(), updatedAt:
serverTimestamp() },
    { merge: false },
  );
  await batch.commit();
};
```

Threadモデルはユーザーに紐づいたデータをリストで取得したいので、そのためのクエリも作成しています。

ThreadデータとThreadContentデータはセットなので、データ生成はバッチ処理で行うようにしています。

生成AIとのチャットのやりとりではThreadContentデータのみを更新するので、ThreadContentデータのみを更新する関数も作成しています。

9.4 チャット画面でチャットデータを取得する

データアクセス用のユーティリティ関数が作成できたので、チャット画面でThreadContentデータを取得してメッセージを表示する処理を追加します。

services/web/app/hooks/firebase/useDocumentData.ts

```
import { useFirestoreDocData } from 'reactfire';
import type { DocumentReference } from 'firebase/firestore';

export const useDocumentData = <T>(ref: DocumentReference<T>) => {
  return useFirestoreDocData(ref, { idField: 'id' });
};
```

services/web/app/routes/_default._index/_components/Chat.tsx

```
  import { Box, Stack } from '@mantine/core';
  import { useElementSize } from '@mantine/hooks';
+ import { useSearchParams } from '@remix-run/react';
+ import { useMemo } from 'react';
+ import { useDocumentData } from '~/hooks/firebase/useDocumentData';
+ import { threadContentRef as _threadContentRef } from '~/models/threadContent';
  import { ChatForm } from './ChatForm';
  // 略
  export const Chat = ({ height }: { height: number }) => {
+   const [searchParams] = useSearchParams();
+   const threadId = searchParams.get('threadId');
    const { ref: formRef, height: formHeight } = useElementSize();
    const scrollAreaHeight = height - formHeight - FORM_MARGIN * 2;
+   const threadContentRef = useMemo(() => _threadContentRef({ id: threadId }),
[threadId]);
+   const { data: threadContent } = useDocumentData(threadContentRef);

    return (
      <Stack gap={0} justify='space-between'>
        <Box h={scrollAreaHeight} className={classes.messages}>
          {[...new Array(20)].map((_, index) => (
            <ChatMessage
              key={index}
              message={{
                role: index % 2 === 0 ? 'ai' : 'human',
                contents: [
                  { type: 'text', value: 'Message1' },
                  { type: 'text', value: 'Message2' },
                ],
              }}
            />
          ))}
```

```
+         {threadContent?.messages.map((message, index) => <ChatMessage
key={index} message={message} />)}
        </Box>
        <ChatForm m={FORM_MARGIN} ref={formRef} />
      </Stack>
    );
  };
```

クエリパラメータでthreadIdが指定されている場合はそのスレッドデータを、指定されていない場合は、新規のスレッドデータを取得、表示するようにしています。

9.5 チャットフォームでチャットデータを作成/更新する

データの読み込み処理ができたので、次は書き込み処理を実装します。

書き込み処理にはMantineのFormを使用するので、パッケージをインストールします。

```
pnpm web add @mantine/form
```

パッケージがインストールできたら、MantineのFormを使った書き込み処理を書いていきます。

services/web/app/routes/_default._index/_components/ChatForm.tsx

```
  import { ActionIcon, Group, Textarea } from '@mantine/core';
  import { IconSend } from '@tabler/icons-react';
  import { forwardRef } from 'react';
+ import type { FormValues } from './Chat';
  import type { GroupProps } from '@mantine/core';
+ import type { UseFormReturnType } from '@mantine/form';

+ type Props = GroupProps & {
+   form: UseFormReturnType<FormValues>;
+ };

- export const ChatForm = forwardRef<HTMLDivElement, GroupProps>((props, ref) =>
{
+ export const ChatForm = forwardRef<HTMLDivElement, Props>(({ form, ...props },
ref) => {
    return (
      <Group wrap='nowrap' ref={ref} {...props}>
        <Textarea
          // 略
          rightSection={
```

```
-           <ActionIcon variant='subtle' color='gray'>
+           <ActionIcon variant='subtle' color='gray' type='submit'
disabled={!form.values.text}>
              <IconSend />
            </ActionIcon>
          }
+         {...form.getInputProps('text')}
        />
      </Group>
    );
  });
  ChatForm.displayName = 'ChatForm';
```

services/web/app/routes/_default._index/_components/Chat.tsx

```
  import { Box, Stack } from '@mantine/core';
+ import { useForm } from '@mantine/form';
  import { useElementSize } from '@mantine/hooks';
  import { useSearchParams } from '@remix-run/react';
+ import { arrayUnion } from 'firebase/firestore';
- import { useMemo } from 'react';
+ import { useCallback, useMemo } from 'react';
+ import { useAuth } from '~/hooks/firebase/useAuth';
  import { useDocumentData } from '~/hooks/firebase/useDocumentData';
+ import { createThreadAndContent } from '~/models/thread';
- import { threadContentRef as _threadContentRef } from '~/models/threadContent';
+ import { threadContentRef as _threadContentRef, updateThreadContent } from
'~/models/threadContent';
  import { ChatForm } from './ChatForm';
  import { ChatMessage } from './ChatMessage';
  import classes from './_styles/Chat.module.css';
+ import type { Message, ThreadContent } from '@local/shared';

  const FORM_MARGIN = 32;

+ export type FormValues = {
+   model: ThreadContent['model'];
+   text: string;
+ };

  export const Chat = ({ height }: { height: number }) => {
-   const [searchParams] = useSearchParams();
```

```
+   const [searchParams, setSearchParams] = useSearchParams();
    const threadId = searchParams.get('threadId');
+   const { user } = useAuth();
+   const uid = user!.uid;
    const { ref: formRef, height: formHeight } = useElementSize();
    const scrollAreaHeight = height - formHeight - FORM_MARGIN * 2;
    const threadContentRef = useMemo(() => _threadContentRef({ id: threadId }),
[threadId]);
    const { data: threadContent } = useDocumentData(threadContentRef);
+   const isNewThread = !threadContent?.uid;
+   const form = useForm<FormValues>({ initialValues: { model: 'gemini-pro',
text: '' } });
+   const handleSubmit = useCallback(
+     async ({ model, text }: FormValues) => {
+       const newMessage: Message = { role: 'human', contents: [{ type: 'text',
value: text }] };
+       if (isNewThread) {
+         await createThreadAndContent({
+           id: threadContentRef.id,
+           uid,
+           title: text.split('\n')[0],
+           model,
+           messages: [newMessage],
+         });
+         setSearchParams({ threadId: threadContentRef.id });
+       } else {
+         await updateThreadContent({ id: threadContentRef.id, data: { messages:
arrayUnion(newMessage) } });
+       }
+       form.setValues({ text: '' });
+       // TODO: AIにメッセージを送信
+     },
+     [isNewThread, form, uid, threadContentRef, setSearchParams],
+   );

    return (
      <Stack gap={0} justify='space-between'>
        // 略
-       <ChatForm m={FORM_MARGIN} ref={formRef} form={form} />
+       <form onSubmit={form.onSubmit(handleSubmit)}>
+         <ChatForm m={FORM_MARGIN} ref={formRef} form={form} />
```

```
+           </form>
        </Stack>
    );
  };
```

これで、フォームからメッセージを投稿できるようになりました。

先ほどデータの読み込み処理も実装済みなので、投稿したチャットはメッセージの一番下に追加されます。

さらに、スレッドに最初のメッセージを投稿したタイミングで、クエリパラメータとして作成されたスレッドのIDが設定されるようになっています。

図9.3: フォームでメッセージを投稿

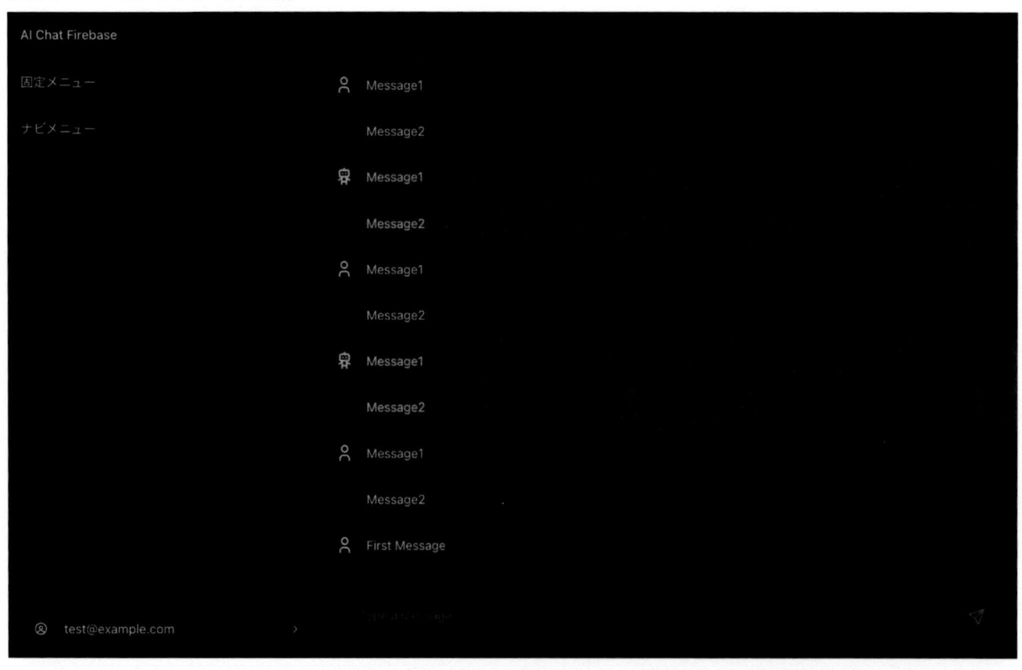

9.6 チャットメッセージ更新時に自動スクロールするように

今のままスレッドのメッセージが増えると、スクロールしないと最新のメッセージが見えないので不便です。

そこで、メッセージが更新されると最下部まで自動スクロールするようにします。

まずは、自動スクロールの実装に必要なパッケージをインストールします。

```
pnpm web add react-use
```

インストールできたら、自動スクロールの処理を追加します。

services/web/app/hooks/react-use.ts

```
// https://github.com/streamich/react-use/issues/2353
import useDeepCompareEffect from 'react-use/lib/useDeepCompareEffect';
export { useDeepCompareEffect };
```

services/web/app/routes/_default._index/_components/Chat.tsx

```
  import { Box, Stack } from '@mantine/core';
  import { useForm } from '@mantine/form';
- import { useElementSize } from '@mantine/hooks';
+ import { useElementSize, useScrollIntoView, useTimeout } from '@mantine/hooks';
  import { useSearchParams } from '@remix-run/react';
  // 略
  import { useDocumentData } from '~/hooks/firebase/useDocumentData';
+ import { useDeepCompareEffect } from '~/hooks/react-use';
  import { createThreadAndContent } from '~/models/thread';
  // 略
  export const Chat = ({ height }: { height: number }) => {
    // 略
    const form = useForm<FormValues>({ initialValues: { model: 'gemini-pro',
text: '' } });
+   const { scrollIntoView, targetRef, scrollableRef } = useScrollIntoView<HTML
DivElement, HTMLDivElement>();
+   const { start: startScroll } = useTimeout(() => scrollIntoView(), 100);
    // 略
+
+   useDeepCompareEffect(() => {
+     startScroll();
+   }, [threadContent?.messages, startScroll]);

    return (
      <Stack gap={0} justify='space-between'>
-       <Box h={scrollAreaHeight} className={classes.messages}>
+       <Box h={scrollAreaHeight} className={classes.messages}
ref={scrollableRef}>
          // 略
          {threadContent?.messages.map((message, index) => <ChatMessage
key={index} message={message} />)}
+         <div ref={targetRef} />
        </Box>
        <form onSubmit={form.onSubmit(handleSubmit)}>
```

```
        <ChatForm m={FORM_MARGIN} ref={formRef} form={form} />
      </form>
    </Stack>
  );
};
```

react-useは現状、ESモジュールだとインポートにクセがあるので、ひと手間かけています。これでメッセージが更新されたら、自動でスクロールするようになりました。

図9.4: 自動スクロール

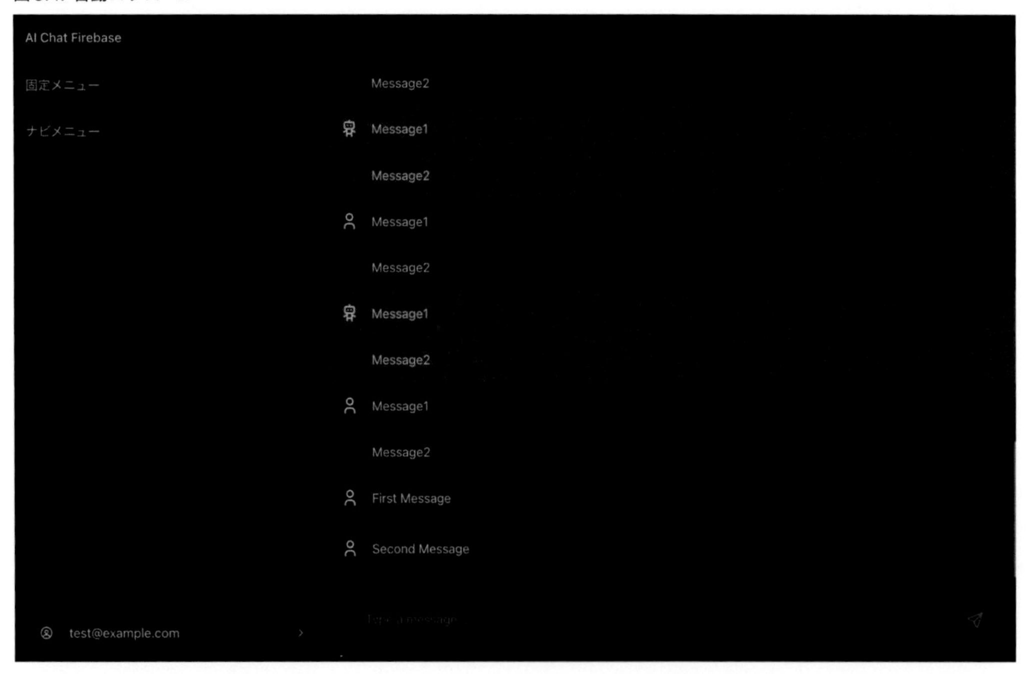

自動スクロールが確認できたら、そろそろダミーデータを削除しましょう。

services/web/app/routes/_default._index/_components/Chat.tsx

```
  // 略
  export const Chat = ({ height }: { height: number }) => {
    return (
      <Stack gap={0} justify='space-between'>
        <Box h={scrollAreaHeight} className={classes.messages}
ref={scrollableRef}>
-         {[...new Array(20)].map((_, index) => (
-           <ChatMessage
-             key={index}
-             message={{
```

```
-               role: index % 2 === 0 ? 'ai' : 'human',
-               contents: [
-                 { type: 'text', value: 'Message1' },
-                 { type: 'text', value: 'Message2' },
-               ],
-             }}
-           />
-         ))}
          {threadContent?.messages.map((message, index) => <ChatMessage
key={index} message={message} />)}
          <div ref={targetRef} />
        </Box>
        <form onSubmit={form.onSubmit(handleSubmit)}>
          <ChatForm m={FORM_MARGIN} ref={formRef} form={form} />
        </form>
      </Stack>
    );
  };
```

9.7 固定メニューにNew Chatボタンを追加する

ひとつのスレッド内でチャットをやりとりする部分は実装が完了したので、今度は新しいスレッドを作成できるようにします。

services/web/app/layouts/_components/FixedMenu.tsx

```
+ import { Button, Stack } from '@mantine/core';
+ import { useSearchParams } from '@remix-run/react';
+ import { IconPlus } from '@tabler/icons-react';
+ import { useCallback } from 'react';
+ import { useDefaultLayout } from '../DefaultLayout';

  export const FixedMenu = () => {
-   return <div>固定メニュー</div>;
+   const [, setSearchParams] = useSearchParams();
+   const { navbar } = useDefaultLayout();
+   const handleClickButton = useCallback(() => {
+     setSearchParams({});
+     navbar.toggle();
+   }, [navbar, setSearchParams]);
+
```

```
+   return (
+     <Stack>
+       <Button variant='default' leftSection={<IconPlus size={16} />}
onClick={handleClickButton}>
+         New Chat
+       </Button>
+     </Stack>
+   );
  };
```

固定メニューのところに「New Chat」ボタンができました。

クリックしたら、クエリパラメータのthreadIdがクリアされ、新しいスレッドのページが表示されます。

図9.5: 新しいスレッドを作成

9.8 ナビメニューに過去のスレッド履歴を表示する

先ほどまでチャットしていたスレッドが見えなくなってしまったので、ナビメニューから過去のスレッドを開けるようにします。

services/web/app/hooks/firebase/useCollectionData.ts

```
import { useFirestoreCollectionData } from 'reactfire';
import type { Query } from 'firebase/firestore';

export const useCollectionData = <T>(query: Query<T>) => {
  return useFirestoreCollectionData(query, { initialData: [], idField: 'id' });
};
```

services/web/app/layouts/_components/_styles/NavMenu.module.css

```
.label {
  margin: 0;
}
```

services/web/app/layouts/_components/NavMenu.tsx

```
+ import { Stack, NavLink } from '@mantine/core';
+ import { useSearchParams } from '@remix-run/react';
+ import Markdown from 'react-markdown';
+ import { useAuth } from '~/hooks/firebase/useAuth';
+ import { useCollectionData } from '~/hooks/firebase/useCollectionData';
+ import { threadByUidQuery } from '~/models/thread';
+ import classes from './_styles/NavMenu.module.css';

  export const NavMenu = () => {
-   return <div>ナビメニュー</div>;
+   const [, setSearchParams] = useSearchParams();
+   const { user } = useAuth();
+   const { data: threads } = useCollectionData(threadByUidQuery({ uid: user!.uid
}));
+
+   return (
+     <Stack>
+       {threads?.map((thread) => (
+         <NavLink
+           key={thread.id}
+           label={
+             <Markdown components={{ p: ({ children }) => <p
className={classes.label}>{children}</p> }}>
+               {thread.title}
+             </Markdown>
+           }
+           onClick={() => setSearchParams({ threadId: thread.id })}
```

```
+           />
+         ))}
+       </Stack>
+     );
  };
```

これで過去のスレッド履歴が表示されるようになりました、といきたいところですが、ユーザーごとのThreadデータを取得するためのインデックスが不足しているため、この時点ではデータ取得が失敗します。

開発環境のDevToolsを開きConsoleを確認すると、以下のようなエラーが出力されていると思いますので、リンクをクリックします。

図9.6: Firestoreのインデックスエラー

```
▸ Uncaught FirebaseError: The query requires an index. You can create it here: https://console.firebase.google.  reactfire.js?v=beb29d8f:13242
com/v1/r/project/            /firestore/in···HJlYWRzL2luZGV4ZXMvXxABGgcKA3VpZBABGg0KCWNyZWF0ZWRBdBACGgwKCF9fbmFtZV9fEAI
```

リンクをクリックしたらFirebaseコンソールが開くので、そのままインデックスを作成します。

図9.7: インデックスの保存

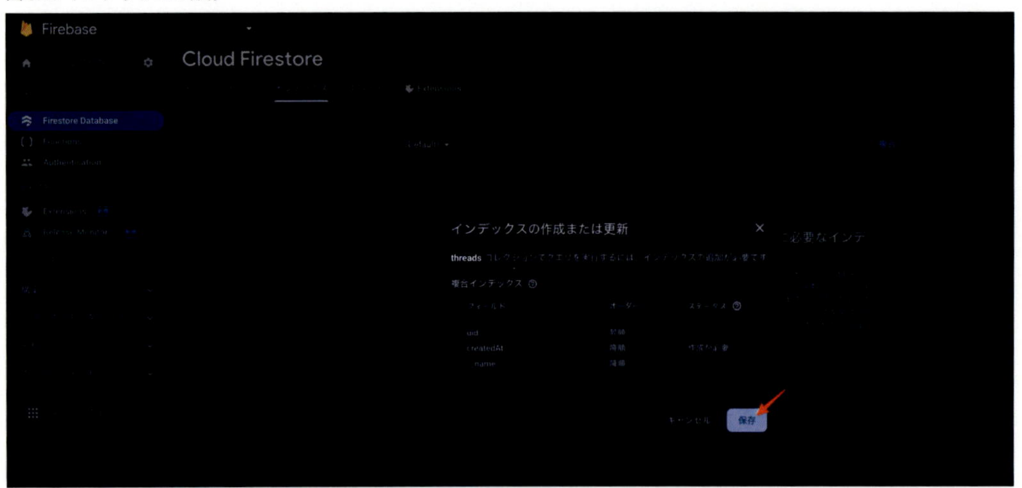

インデックスの作成が開始されます。

図 9.8: インデックス作成中

しばらくすると、インデックスの作成が完了します。

図 9.9: インデックス作成完了

インデックス作成が完了して開発環境をリロードすると、スレッド履歴が表示され、履歴をクリックすると過去のスレッドを再開できるようになっています。

図 9.10: スレッド履歴

最後に、先ほどFirebaseコンソールで作成したインデックスをコードに取り込んでおきます。

package.json

```
  {
    // 略
    "scripts": {
      // 略
-     "preinstall": "pnpm build:shared"
+     "preinstall": "pnpm build:shared",
+     "export:indexes": "firebase firestore:indexes --project default >
firestore.indexes.json"
    },
    // 略
  }
pnpm export:indexes
```

package.jsonファイルにインデックスをエクスポートするコマンドを追加し、実行します。

firestore.indexes.json

```
  {
-   "indexes": [],
+   "indexes": [
+     {
+       "collectionGroup": "threads",
+       "queryScope": "COLLECTION",
+       "fields": [
+         {
+           "fieldPath": "uid",
+           "order": "ASCENDING"
+         },
+         {
+           "fieldPath": "createdAt",
+           "order": "DESCENDING"
+         }
+       ]
+     }
+   ],
    "fieldOverrides": []
  }
```

firebase.indexes.jsonファイルが更新され、先ほど作成したインデックスが追加されています。

9.9 デプロイする

UIが整ったので、デプロイできることを確認しておきましょう。

```
pnpm deploy:web
```

第10章　Gemini Proと連携する

前章でチャットのUIが完成しましたので、いよいよ生成AIとの連携部分を実装していきます。

本章では、GoogleのGemini Proとチャットできるようにしていきます。

10.1　Vertex AI APIを有効化する

まずは、Gemini Proと連携するためにVertex AI APIを有効化します。

Vertex AI APIを有効化する方法は、Google Cloudコンソールと`gcloud`コマンドの2パターンがあります。本書では`gcloud`コマンドを用いて、Vertex AI APIを有効化していきます。

以下にGoogle CloudコンソールでVertex AI APIを有効化する手順が書かれていますので、Google Cloudコンソールで有効化する場合は、こちらを参照してください。

https://cloud.google.com/vertex-ai/docs/featurestore/setup

まずは`gcloud`コマンドでアカウント認証を行います。

`gcloud`コマンドが開発環境にインストールされていない場合は、以下のページを参考に`gcloud`コマンドをインストールしてからアカウント認証を行ってください。

https://cloud.google.com/sdk/docs/install

```
gcloud auth login
```

コマンドを実行するとブラウザーでGoogle認証画面が開くので、Firebaseプロジェクトを作成したアカウントで認証します。

認証が完了したら、チャットアプリ用に作成した`{FirebaseプロジェクトID}`を指定して、Vertex AI API（aiplatform.googleapis.com）を有効化します。

```
gcloud services enable aiplatform.googleapis.com --project={FirebaseプロジェクトID}
```

コマンドが完了したら、Vertex AI APIが有効化されていることを確認します。

```
gcloud services list --project={FirebaseプロジェクトID} | grep
aiplatform.googleapis.com
```

aiplatform.googleapis.comの行が表示されれば、有効化は成功です。

10.2 Gemini Proと連携する関数を作成する

Vertex AI APIの準備が整ったので、APIを実行する関数をCloud Functionsに作成します。

10.2.1 Cloud Functionsにパッケージをインストールする

Vertex AI APIを使用するために必要なパッケージを、Cloud Functionsにインストールします。

```
pnpm functions add @google-cloud/vertexai
```

また、Firebase Admin Node.js SDKのバージョンが古いとサンプルコードでTypeScriptの型エラーが発生する場合がありますので、最新のバージョンにアップデートします。

```
pnpm update firebase-admin --latest -r
```

ワークスペース内に異なるバージョンのライブラリーが存在すると、TypeScriptがおかしな挙動をするケースがあるので、全ワークスペースのFirebase Admin Node.js SDKをアップデートしておきます。

10.2.2 データアクセス用のユーティリティ関数を作成する

ThreadContentモデルのユーティリティ関数を作成します。

services/functions/src/utils/firebase/app.ts

```
import { initializeApp, getApps } from 'firebase-admin/app';

getApps().length === 0 && initializeApp();
```

services/functions/src/utils/firebase/firestore.ts

```
import { FieldValue, getFirestore as _getFirestore } from
'firebase-admin/firestore';
import type { WithId } from '@local/shared';
import type {
  DocumentData,
  FirestoreDataConverter,
  Firestore,
  Timestamp,
  WithFieldValue,
} from 'firebase-admin/firestore';

let firestore: Firestore;
const getFirestore = () => {
```

```
  if (firestore) return firestore;

  firestore = _getFirestore();
  firestore.settings({
    preferRest: true,
    timestampsInSnapshots: true,
  });
  return firestore;
};

const { serverTimestamp: _severTimestamp } = FieldValue;

const serverTimestamp = () => _severTimestamp() as Timestamp;

const getConverter = <T extends DocumentData>(): FirestoreDataConverter<WithId<T>,
T> => ({
  toFirestore: (data) => {
    // eslint-disable-next-line @typescript-eslint/no-unused-vars
    const { id, ...rest } = data;
    return rest as WithFieldValue<T>;
  },
  fromFirestore: (snapshot) => {
    return { id: snapshot.id, ...snapshot.data() } as WithId<T>;
  },
});

export { serverTimestamp, getConverter, getFirestore };
```

services/functions/src/models/threadContent.ts

```
import { getConverter, getFirestore, serverTimestamp } from
'../utils/firebase/firestore.js';
import type { ThreadContentData } from '@local/shared';
import type { UpdateData } from 'firebase-admin/firestore';

export const threadContentConverter = getConverter<ThreadContentData>();

export const threadContentsRef = () =>
  getFirestore().collection('threadContents').withConverter(threadContentConverte
r);

export const threadContentRef = ({ id }: { id: string }) =>
```

```
threadContentsRef().doc(id);

export const updateThreadContent = async ({ id, data }: { id: string; data:
UpdateData<ThreadContentData> }) =>
  threadContentRef({ id }).update({ updatedAt: serverTimestamp(), ...data });
```

Gemini ProからのメッセージをThreadContentデータに書き込むための関数を用意しています。

10.2.3 Vertex AI APIを実行する関数を作成する

Vertex AI APIを実行し、Gemini Proのメッセージを受け取る関数を作成します。

services/functions/src/utils/firebase/functions.ts

```
/* eslint-disable @typescript-eslint/no-explicit-any */
import { https, logger } from 'firebase-functions/v2';
import { onCall as _onCall } from 'firebase-functions/v2/https';
import { HttpsError } from 'firebase-functions/v2/identity';
import type { CallableOptions, CallableRequest } from 'firebase-functions/v2/http
s';

export const defaultRegion = 'asia-northeast1';

type OnCallHandler<T> = (request: CallableRequest<T>) => Promise<any>;
const onCall = <T>(optsOrHandler: CallableOptions | OnCallHandler<T>, _handler?:
OnCallHandler<T>) => {
  const handler = _handler ?? (optsOrHandler as OnCallHandler<T>);
  return _onCall<T>({ region: defaultRegion, memory: '1GiB', timeoutSeconds: 300,
...optsOrHandler }, handler);
};

export { https, logger, HttpsError, onCall };
```

services/functions/src/geminiPro.ts

```
import { VertexAI } from '@google-cloud/vertexai';
import { updateThreadContent } from './models/threadContent.js';
import { onCall, logger, HttpsError, defaultRegion } from
'./utils/firebase/functions.js';
import type { Message, ThreadContent } from '@local/shared';

export const geminiPro = onCall<{ threadId: string; model:
ThreadContent['model']; messages: Message[] }>(
  async ({ data: { threadId, model, messages }, auth }) => {
```

```
    if (!auth) {
      throw new HttpsError('unauthenticated', 'The function must be called while 
authenticated.');
    }

    try {
      // eslint-disable-next-line @typescript-eslint/no-non-null-assertion
      const vertexAI = new VertexAI({ project: process.env.GCLOUD_PROJECT!, 
location: defaultRegion });
      const generativeModel = vertexAI.getGenerativeModel({ model });
      const request = {
        contents: messages.map(({ role, contents }) => ({
          role: role === 'human' ? 'user' : 'model',
          parts: [{ text: contents[0].value }],
        })),
      };
      const streamingResponse = await generativeModel.generateContentStream(reque
st);
      let text = '';
      for await (const response of streamingResponse.stream) {
        const currentContent = response.candidates?.[0].content;
        text += currentContent?.parts[0].text ?? '';
        const newMessages: Message[] = [...messages, { role: 'ai', contents: [{ 
type: 'text', value: text }] }];
        await updateThreadContent({ id: threadId, data: { messages: newMessages } 
});
      }
      return true;
    } catch (error) {
      logger.error('Failed to geminiPro.', { error });
      throw new HttpsError('internal', 'Failed to geminiPro.');
    }
  },
);
```

services/functions/src/index.ts

```
- /**
- * Import function triggers from their respective submodules:
- *
- * import {onCall} from "firebase-functions/v2/https";
- * import {onDocumentWritten} from "firebase-functions/v2/firestore";
```

```
- *
- * See a full list of supported triggers at https://firebase.google.com/docs/fun
ctions
- */
-
- // import * as logger from 'firebase-functions/logger';
- // import { onRequest } from 'firebase-functions/v2/https';
-
- // Start writing functions
- // https://firebase.google.com/docs/functions/typescript
-
- // export const helloWorld = onRequest((request, response) => {
- //   logger.info("Hello logs!", {structuredData: true});
- //   response.send("Hello from Firebase!");
- // });
+ import './utils/firebase/app.js';
+
+ process.env.TZ = 'Asia/Tokyo';
+
+ export * from './geminiPro.js';
```

Cloud FunctionsのonRequest関数を使えば、APIのストリーミングレスポンスをクライアントサイドで直接受け取ることもできるのですが、サンプルアプリでは以下の理由からFirestoreのリアルタイム更新を利用した擬似的なストリーミングレスポンスを採用しています。

・onCall関数のほうが（必要になったときに）認証処理を簡単に実装できる
・サーバーサイドで生成AIのAPI差分を吸収することで、クライアントサイドのロジックがシンプルになる

10.2.4　Cloud Functionsをデプロイする

Gemini Proと連携する関数ができたので、デプロイします。

```
pnpm deploy:functions
```

10.3　Gemini Proとチャットできるようにする

作成した関数を使って、Gemini Proとチャットできるようにします。

services/web/app/utils/firebase/functions.ts

```
import { getApp } from 'firebase/app';
import { httpsCallable as _httpsCallable, getFunctions } from
'firebase/functions';
import type { Message } from '@local/shared';
import type { ThreadContent } from '~/types';

const httpsCallable = <Request, Response>(name: string) =>
  _httpsCallable<Request, Response>(getFunctions(getApp(), 'asia-northeast1'),
name, { timeout: 330 * 1000 });

type GeminiProRequest = { threadId: string; model: ThreadContent['model'];
messages: Message[] };
export const geminiPro = (request: GeminiProRequest) => httpsCallable<GeminiPro
Request, boolean>('geminiPro')(request);
```

services/web/app/routes/_default._index/_components/Chat.tsx

```
  // 略
  import { threadContentRef as _threadContentRef, updateThreadContent } from
'~/models/threadContent';
+ import { geminiPro } from '~/utils/firebase/functions';
  import { ChatForm } from './ChatForm';
  // 略
  export const Chat = ({ height, threadId }: { height: number; threadId?: string
| null }) => {
    // 略
    const handleSubmit = useCallback(
      async ({ model, text }: FormValues) => {
        const newMessage: Message = { role: 'human', contents: [{ type: 'text',
value: text }] };
        if (isNewThread) {
          await createThreadAndContent({
            id: threadContentRef.id,
            uid,
            title: text.split('\n')[0],
            model,
            messages: [newMessage],
          });
          setSearchParams({ threadId: threadContentRef.id });
        } else {
          await updateThreadContent({ id: threadContentRef.id, data: { messages:
```

```
arrayUnion(newMessage) } });
        }
        form.setValues({ text: '' });
-       // TODO: AIにメッセージを送信
+       await geminiPro({
+         threadId: threadContentRef.id,
+         model,
+         messages: [...(threadContent?.messages ?? []), newMessage],
+       });
      },
-     [isNewThread, form, uid, threadContentRef, setSearchParams],
+     [isNewThread, form, threadContent?.messages, uid, threadContentRef,
setSearchParams],
    );
    // 略
  };
```

これで、Gemini Proとチャットできるようになりました。

開発環境で実際に試してみましょう。

```
pnpm dev
```

図10.1: Gemini Proとチャット

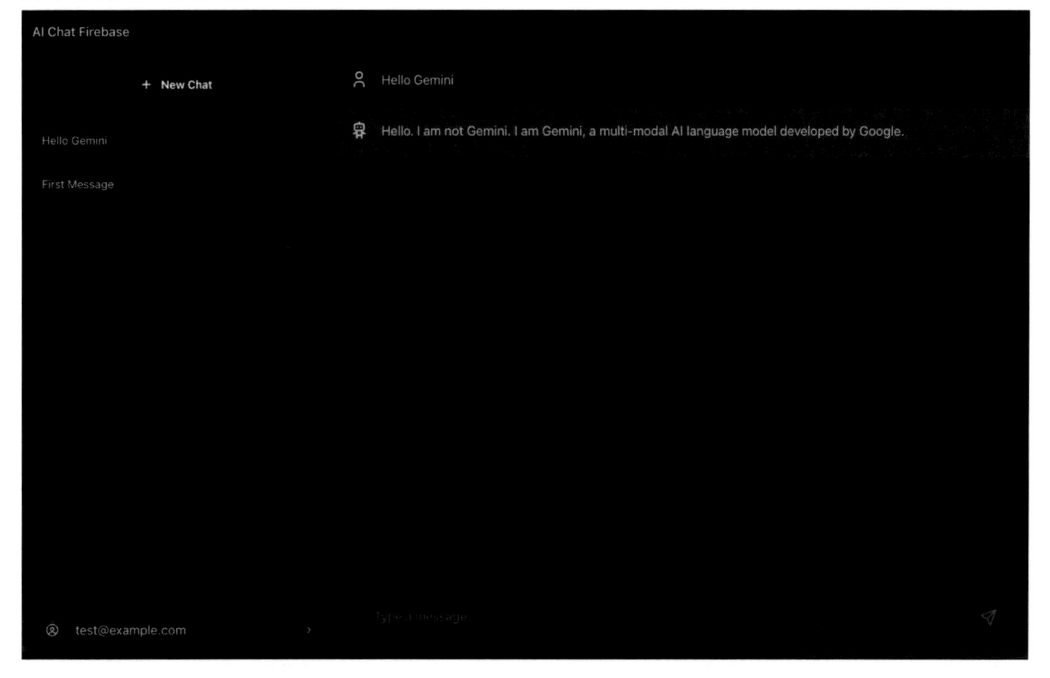

10.4 デプロイする

デプロイして、インターネット上でも利用できるようにしましょう。

```
pnpm deploy:web
```

これで、あなた専用の生成AIチャットアプリが完成しました。

geminiPro関数に指定するmodelを変更するだけで、Gemini 1.5 Proとも連携できますので、ぜひ試してみてください。

10.5 参考

本書ではAPIキーを発行せずにGemini Proを利用できるという理由でVertex AI APIを使用しましたが、Gemini Proとの連携にはGenerative Language APIを使用することもできます。

Generative Language APIの場合は、@google/generative-aiというライブラリーを使用します。

Generative Language APIを使用した場合も、同じようなコードでGemini Proとの連携が可能ですので、興味があればぜひトライしてみてください。

第11章　UXを改善する

前章で生成AIチャットアプリが実用可能な状態になりましたが、実際に使用していくには使いにくい部分も残っています。

せっかくなので、ブラッシュアップしてUXを改善しましょう。

11.1　Firestoreの更新頻度を減らす

UX改善と言いながらいきなり逆にUXが悪化しそうなタイトルですが、今のままだと生成AIの回答が細かく短時間にストリーミングされればされるほどFirestoreデータの更新頻度が高くなり、Firebaseの料金が高くなってしまいます。

そこで、データの更新を間引くようにします。

まずは、必要なパッケージをCloud Functionsにインストールします。

```
pnpm functions add lodash-es
pnpm functions add -D @types/lodash-es
```

パッケージがインストールできたら、Firestoreデータの更新頻度を減らすよう処理を修正します。

services/functions/src/models/threadContent.ts

```
+ import { throttle } from 'lodash-es';
  import { getConverter, getFirestore, serverTimestamp } from
'../utils/firebase/firestore.js';
  // 略
  export const updateThreadContent = async ({ id, data }: { id: string; data:
UpdateData<ThreadContentData> }) =>
    threadContentRef({ id }).update({ updatedAt: serverTimestamp(), ...data });

+ export const throttleUpdateThreadContent = throttle(updateThreadContent, 3000);
```

services/functions/src/geminiPro.ts

```
  import { VertexAI } from '@google-cloud/vertexai';
- import { updateThreadContent } from './models/threadContent.js';
+ import { updateThreadContent, throttleUpdateThreadContent } from
'./models/threadContent.js';
  // 略
  export const geminiPro = onCall(
    async ({
```

```
      data: { threadId, model, messages },
    }: {
      data: { threadId: string; model: ThreadContent['model']; messages: 
Message[] };
    }) => {
      try {
        // 略
        for await (const response of streamingResponse.stream) {
          const currentContent = response.candidates?.[0].content;
          text += currentContent?.parts[0].text ?? '';
          const newMessages: Message[] = [...messages, { role: 'ai', contents: [{ 
type: 'text', value: text }] }];
-         await updateThreadContent({ id: threadId, data: { messages: newMessages 
} });
+         await throttleUpdateThreadContent({ id: threadId, data: { messages: 
newMessages } });
        }
+       throttleUpdateThreadContent.cancel();
+       const aggregatedResponse = await streamingResponse.response;
+       const aggregatedText = aggregatedResponse.candidates?.[0].content.parts[0]
.text ?? '';
+       const finalMessages: Message[] = [
+         ...messages,
+         { role: 'ai', contents: [{ type: 'text', value: aggregatedText }] },
+       ];
+       await updateThreadContent({ id: threadId, data: { messages: finalMessages 
} });
        return true;
      } catch (error) {
        logger.error('Failed to geminiPro.', { error });
        throw new HttpsError('internal', 'Failed to geminiPro.');
      }
    },
  );
```

これで、ストリーミング中のFirestoreデータの更新頻度を1回/3秒に抑制できました。この程度の抑制なら使用感もそれほど変わらないと思います。

デプロイして、実際に確認してみましょう。

```
pnpm deploy:functions
```

11.2 生成AIの回答中はローダを表示する

生成AIは回答に時間がかかることがあります。また、サンプリアプリではストリーミングで順次回答を更新するようにしているため、今のままだと回答中なのか回答が終わっているのかがわかりづらくなっています。

そこで、生成AIが回答中の場合は、チャット画面にローダを表示するようにします。

services/web/app/routes/_default._index/_components/Chat.tsx

```
- import { Box, Stack } from '@mantine/core';
+ import { Box, Center, Stack } from '@mantine/core';
  import { useForm } from '@mantine/form';
  // 略
- import { useCallback, useMemo } from 'react';
+ import { useCallback, useMemo, useState } from 'react';
+ import { Loader } from '~/components/elements/Loader';
  // 略
  import { geminiPro } from '~/utils/firebase/functions';
+ import { notify } from '~/utils/mantine/notifications';
  // 略
  export const Chat = ({ height, threadId }: { height: number; threadId?: string
| null }) => {
    // 略
    const { start: startScroll } = useTimeout(() => scrollIntoView(), 100);
+   const [submitting, setSubmitting] = useState(false);
    const handleSubmit = useCallback(
      async ({ model, text }: FormValues) => {
+       try {
+         setSubmitting(true);
          const newMessage: Message = { role: 'human', contents: [{ type: 'text',
value: text }] };
          if (isNewThread) {
            await createThreadAndContent({
              id: threadContentRef.id,
              uid,
              title: text.split('\n')[0],
              model,
              messages: [newMessage],
            });
            setSearchParams({ threadId: threadContentRef.id });
          } else {
            await updateThreadContent({ id: threadContentRef.id, data: {
messages: arrayUnion(newMessage) } });
```

```
          }
          form.setValues({ text: '' });
          await geminiPro({
            threadId: threadContentRef.id,
            model,
            messages: [...(threadContent?.messages ?? []), newMessage],
          });
+       } catch (error) {
+         console.error(error);
+         notify.error({ message: 'Response failed' });
+       } finally {
+         setSubmitting(false);
+       }
      },
      [isNewThread, form, threadContent?.messages, uid, threadContentRef,
setSearchParams],
    );
    // 略
    return (
      <Stack gap={0} justify='space-between'>
        <Box h={scrollAreaHeight} className={classes.messages}
ref={scrollableRef}>
          {threadContent?.messages.map((message, index) => <ChatMessage
key={index} message={message} />)}
+         {submitting && (
+           <Center>
+             <Loader />
+           </Center>
+         )}
          <div ref={targetRef} />
        </Box>
        <form onSubmit={form.onSubmit(handleSubmit)}>
          <ChatForm m={FORM_MARGIN} ref={formRef} form={form} />
        </form>
      </Stack>
    );
  };
```

ついでに生成AIの回答中にエラーが発生したら、メッセージを表示するようにしました。

11.3 メッセージ送信のショートカットを追加する

メッセージを送信するときに毎回ボタンをクリックするのは面倒なので、ショートカットを追加します。

生成AIとのチャットでは改行を含む長文を送信することが多いので、「Enter」は現状のままにして、「Shift+Enter」でメッセージを送信できるようにします。

services/web/app/routes/_default._index/_components/ChatForm.tsx

```
  import { ActionIcon, Group, Textarea } from '@mantine/core';
+ import { getHotkeyHandler } from '@mantine/hooks';
  import { IconSend } from '@tabler/icons-react';
  // 略
  type Props = GroupProps & {
    form: UseFormReturnType<FormValues>;
+   onSend: () => void;
  };

- export const ChatForm = forwardRef<HTMLDivElement, Props>(({ form, ...props },
ref) => {
+ export const ChatForm = forwardRef<HTMLDivElement, Props>(({ form, onSend,
...props }, ref) => {
    return (
      <Group wrap='nowrap' ref={ref} {...props}>
        <Textarea
          // 略
          rightSection={
-           <ActionIcon variant='subtle' color='gray' type='submit'
disabled={!form.values.text}>
+           <ActionIcon variant='subtle' color='gray' onClick={onSend}
disabled={!form.values.text}>
              <IconSend />
            </ActionIcon>
          }
+         onKeyDown={getHotkeyHandler([['shift+enter', onSend]])}
          {...form.getInputProps('text')}
        />
      </Group>
    );
  });
  ChatForm.displayName = 'ChatForm';
```

services/web/app/routes/_default._index/_components/Chat.tsx

```
  // 略
  export const Chat = ({ height }: { height: number }) => {
    // 略
    return (
      <Stack gap={0} justify='space-between'>
        // 略
-       <form onSubmit={form.onSubmit(handleSubmit)}>
-         <ChatForm m={FORM_MARGIN} ref={formRef} form={form} />
+       <form>
+         <ChatForm m={FORM_MARGIN} ref={formRef} form={form}
onSend={form.onSubmit(handleSubmit)} />
        </form>
      </Stack>
    );
  };
```

これでかなり使いやすくなりました。

11.4 スレッド履歴を無限スクロールにする

今後このアプリを使用し続けるとスレッド履歴がどんどん増えていき、ナビメニューのデータが肥大化してしまいます。

そこで、無限スクロールを実装して、デフォルトでは直近20件の履歴のみを取得するようにします。

まずは無限スクロールを実現する部品を実装します。

services/web/app/hooks/firebase/usePaginatedCollectionData.ts

```
import { limit, query } from 'firebase/firestore';
import { useCallback, useMemo, useState } from 'react';
import { useDeepCompareEffect } from '~/hooks/react-use';
import { useCollectionData } from './useCollectionData';
import type { Query } from 'firebase/firestore';

export const usePaginatedCollectionData = <T>(
  _query: Query<T>,
  { limit: _limit = 20, defaultPage = 1 }: { limit?: number; defaultPage?: number
} = {},
) => {
  const [page, setPage] = useState(defaultPage);
  const [data, setData] = useState<T[]>([]);
```

```
  const paginatedQuery = query(_query, limit(_limit * page + 1));
  const { data: _data, status } = useCollectionData(paginatedQuery);
  // NOTE: loadMoreのときに一時的に_dataが空になるので、その間はloadingをtrueにする
  const loading = useMemo(() => status === 'loading' || (page > 1 && _data.length
=== 0), [status, page, _data.length]);
  const hasMore = data.length > _limit * page;
  const dataWithoutLast = useMemo(() => (hasMore ? data.slice(0, -1) : data),
[data, hasMore]);
  const loadMore = useCallback(() => setPage((prev) => prev + 1), []);

  // NOTE: loadMoreのときに一時的に_dataが空になるので、その間はdataを更新しない
  useDeepCompareEffect(() => {
    if (loading) return;
    setData(_data);
  }, [loading, _data]);

  return { data: dataWithoutLast, loading, hasMore, loadMore };
};
```

services/web/app/components/elements/Loader.tsx

```
  import { Loader as MantineLoader } from '@mantine/core';
+ import { forwardRef } from 'react';
  import type { LoaderProps } from '@mantine/core';

- export const Loader = (props: LoaderProps) => {
-   return <MantineLoader color='gray' type='dots' {...props} />;
- };
+ export const Loader = forwardRef<HTMLSpanElement, LoaderProps>((props:
LoaderProps, ref) => {
+   return <MantineLoader color='gray' type='dots' ref={ref} {...props} />;
+ });
+ Loader.displayName = 'Loader';
```

services/web/app/components/elements/MoreLoader.tsx

```
import { useIntersection } from '@mantine/hooks';
import { useEffect } from 'react';
import { Loader } from './Loader';
import type { LoaderProps } from '@mantine/core';

export const MoreLoader = ({ loadMore, ...props }: Omit<LoaderProps, 'ref'> & {
loadMore?: () => void }) => {
```

```
  const { ref, entry } = useIntersection({ threshold: 0.5 });

  useEffect(() => {
    entry?.isIntersecting && loadMore?.();
  }, [entry?.isIntersecting, loadMore]);

  return <Loader ref={ref} {...props} />;
};
```

services/web/app/components/elements/InfiniteScroll.tsx

```
import { MoreLoader } from './MoreLoader';
import type { LoaderProps } from '@mantine/core';
import type { ReactNode } from 'react';

export const InfiniteScroll = ({
  loading,
  hasMore,
  loadMore,
  children,
  loaderProps,
}: {
  loading?: boolean;
  hasMore?: boolean;
  loadMore?: () => void;
  children: ReactNode;
  loaderProps?: Omit<LoaderProps, 'ref'>;
}) => {
  return (
    <>
      {children}
      {(loading || hasMore) && <MoreLoader {...(hasMore && { loadMore })}
{...loaderProps} />}
    </>
  );
};
```

これでパーツがそろったので、ナビメニューのスレッド履歴を無限スクロールにします。

services/web/app/layouts/_components/NavMenu.tsx

```
  import { Stack, NavLink } from '@mantine/core';
  import { useSearchParams } from '@remix-run/react';
  import Markdown from 'react-markdown';
+ import { InfiniteScroll } from '~/components/elements/InfiniteScroll';
  import { useAuth } from '~/hooks/firebase/useAuth';
- import { useCollectionData } from '~/hooks/firebase/useCollectionData';
+ import { usePaginatedCollectionData } from '~/hooks/firebase/usePaginatedCollec
tionData';
  import { threadByUidQuery } from '~/models/thread';
  import classes from './_styles/NavMenu.module.css';

  export const NavMenu = () => {
    const [, setSearchParams] = useSearchParams();
    const { user } = useAuth();
-   const { data: threads } = useCollectionData(threadByUidQuery({ uid: user!.uid
}));
+   const {
+     data: threads,
+     loading,
+     hasMore,
+     loadMore,
+   } = usePaginatedCollectionData(threadByUidQuery({ uid: user!.uid }), { limit:
20 });

    return (
      <Stack>
+       <InfiniteScroll loading={loading} hasMore={hasMore} loadMore={loadMore}
loaderProps={{ size: 'sm', mx: 'auto' }}>
          {threads?.map((thread) => (
            <NavLink
              key={thread.id}
              label={
                <Markdown components={{ p: ({ children }) => <p
className={classes.label}>{children}</p> }}>
                  {thread.title}
                </Markdown>
              }
              onClick={() => setSearchParams({ threadId: thread.id })}
            />
          ))}
```

```
+         </InfiniteScroll>
        </Stack>
      );
  };
```

これで、履歴が増えてきても安心です。

11.5 スレッドを削除できるようにする

無限スクロールにしたことで履歴が増えても問題なくなりましたが、不要なスレッドは削除できたほうが整理整頓が捗るので、スレッドを削除できるようにします。

services/web/app/models/thread.ts

```
  // 略
+
+ export const deleteThreadAndContent = async ({ id }: { id: string }) => {
+   const batch = writeBatch(getFirestore());
+   batch.delete(threadRef({ id }));
+   batch.delete(threadContentRef({ id }));
+   await batch.commit();
+ };
```

app/layouts/_components/NavMenu.tsx

```
- import { Stack, NavLink } from '@mantine/core';
+ import { Stack, NavLink, ActionIcon, Group } from '@mantine/core';
  import { useSearchParams } from '@remix-run/react';
+ import { IconTrash } from '@tabler/icons-react';
+ import { useCallback } from 'react';
  import Markdown from 'react-markdown';
  import { InfiniteScroll } from '~/components/elements/InfiniteScroll';
+ import { UnstyledConfirmButton } from '~/components/elements/buttons/UnstyledCon
firmButton';
  import { useAuth } from '~/hooks/firebase/useAuth';
  import { usePaginatedCollectionData } from '~/hooks/firebase/usePaginatedCollec
tionData';
- import { threadByUidQuery } from '~/models/thread';
+ import { deleteThreadAndContent, threadByUidQuery } from '~/models/thread';
+ import { notify } from '~/utils/mantine/notifications';
  import classes from './_styles/NavMenu.module.css';

  export const NavMenu = () => {
```

```
    // 略
+   const handleConfirmDelete = useCallback(async (threadId: string) => {
+     try {
+       await deleteThreadAndContent({ id: threadId });
+       notify.info({ message: '削除しました' });
+     } catch (error) {
+       console.error(error);
+       notify.error({ message: '削除に失敗しました' });
+     }
+   }, []);

    return (
      <Stack>
        <InfiniteScroll loading={loading} hasMore={hasMore} loadMore={loadMore}
loaderProps={{ size: 'sm', mx: 'auto' }}>
          {threads?.map((thread) => (
+           <Group key={thread.id} justify='space-between' wrap='nowrap'>
              <NavLink
                key={thread.id}
                label={
                  <Markdown components={{ p: ({ children }) => <p
className={classes.label}>{children}</p> }}>
                    {thread.title}
                  </Markdown>
                }
                onClick={() => setSearchParams({ threadId: thread.id })}
              />
+             <ActionIcon
+               variant='subtle'
+               size='sm'
+               color='dark'
+               component={UnstyledConfirmButton}
+               message='本当に削除しますか？'
+               onConfirm={() => handleConfirmDelete(thread.id)}
+             >
+               <IconTrash />
+             </ActionIcon>
+           </Group>
          ))}
        </InfiniteScroll>
      </Stack>
```

```
    );
  };
```

これで、スレッドが削除できるようになりました。

図11.1: スレッド削除ボタン

11.6 デプロイする

いつも通り、完成した機能をデプロイしておきましょう。Cloud Functionsは本章の途中でデプロイしているので、Firebase Hostingのみデプロイします。

```
pnpm deploy:web
```

第12章　GPTと連携する

本章では、OpenAIのGPT-3.5、GPT-4とチャットできるようにしていきます。

GPT-3.5よりもGPT-4のほうが高性能ですので、GPT-4だけの実装でも十分なのですが、GPT-4はOpenAIとの契約状態によっては利用できない可能性がありますので、GPT-3.5も利用できるようにします。

GPT-4は高性能な分、利用料金も高いので、GPT-3.5で必要十分な場合は、GPT-3.5を利用するといった使い分けができることを考えると、両方利用できるようにしておいて損はありません。

生成AI業界は変化がものすごく早いので、読者の方がこの本を読む頃には記載しているモデルが使用できなくなっているかもしれません。そのときは使用可能な生成AIモデルに置き換えて読み進めていってください。

12.1　OpenAIのAPIキーをSecret Managerに登録する

OpenAIのAPIを使用するために、OpenAIのAPIキーを取得します。

取得したAPIキーはGoogle CloudのSecret Managerに登録し、Cloud FunctionsからはSecret Managerを経由してOpenAIのAPIキーを参照します。

12.1.1　OpenAIのAPIキーを取得する

まずはOpenAIのダッシュボード（https://platform.openai.com/）からAPIキーを取得します。

OpenAIのアカウントを持っていない場合は、事前にアカウントを作成してください。

OpenAIの「API keys」を開き、「Create new secret key」をクリックします。

図12.1: OpenAI - API keys

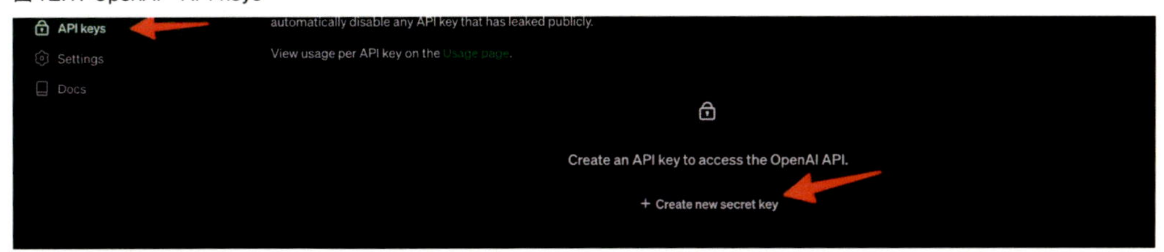

API keyの名前を入力して、「Create secret key」をクリックします。

図 12.2: OpenAI - Create new secret key

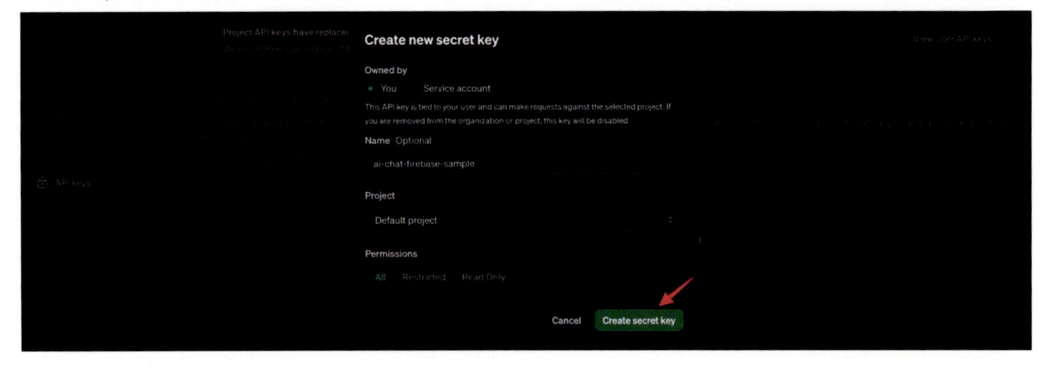

生成されたAPI keyが表示されるので、コピーします。

図 12.3: OpenAI - Save your key

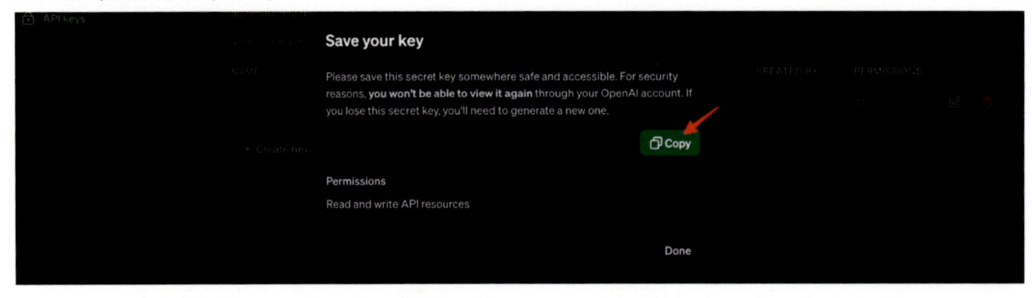

12.1.2 Secret ManagerにAPIキーを登録する

Google Cloudコンソール（https://console.cloud.google.com/）を開き、取得したAPIキーをSecret Managerに登録します。

Secret Managerの操作は`gcloud`コマンドを行うこともできますが、シークレット値がコマンド履歴等に残ってしまうのは気持ち悪いので、サンプルアプリではGoogle Cloudコンソール上で操作します。

「セキュリティ」-「Secret Manager」を開きます。

図 12.4: Google Cloud コンソール - Secret Manager

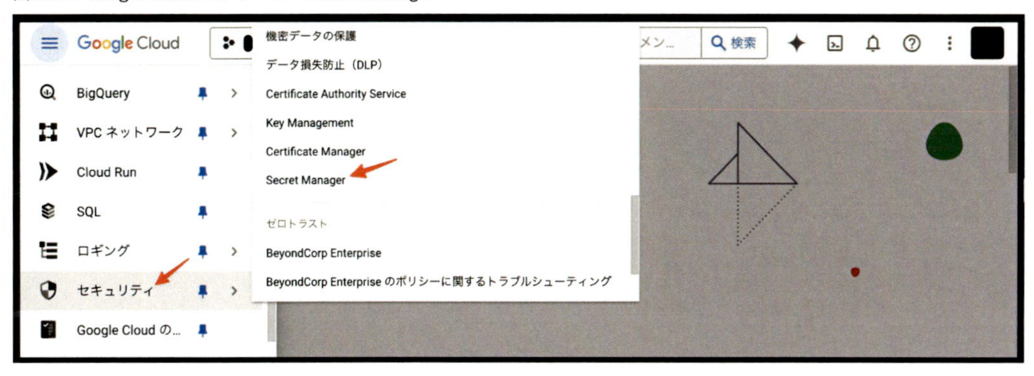

「有効にする」をクリックして、Secret Manager APIを有効化します。

図 12.5: Google Cloud コンソール - Secret Manager の有効化

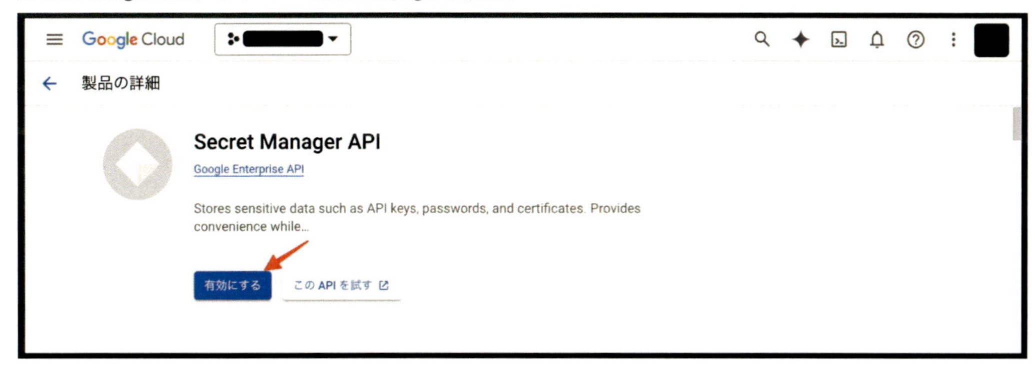

有効化できたら、「シークレットを作成」をクリックします。

図 12.6: Google Cloud コンソール - シークレットを作成

先ほど生成したOpenAIのAPIキーを「シークレットの値」に設定して、「シークレットを作成」をクリックします。

図12.7: Google Cloudコンソール - シークレットの設定

これで、Secret ManagerのOpenAIのAPIキーを登録できました。

作成したシークレットと同名の変数をCloud Functionsの`.secret.local`ファイルに設定しておきます。

services/functions/.secret.local

```
OPENAI_API_KEY=''
```

これは、Secret ManagerにアクセスできないCloud Functionsエミュレーターを起動できるようにするために必要な設定です。エミュレーターで実際の値にアクセスする必要がない場合は、値は空でも問題ありません。

詳細はこちらを参照してください。
https://firebase.google.com/docs/functions/config-env?gen=2nd&hl=ja

Cloud Functionsエミュレーターを使用しない場合は不要ですが、Firebaseアプリの開発を行う中でエミュレーターを使用するケースは多々ありますので、設定しておくことをおすすめします。

12.2 OpenAIのOrganizationIDを環境変数に設定する

OpenAIのAPIキーを使用する際にOrganization IDを指定しないと、アカウントのデフォルトのOrganizationが課金対象になるので、API使用時はOrganization IDを指定しておいたほうが安全です。

そこで、Cloud Functionsの環境変数にOrganization IDを設定して、API使用時に指定できるようにします。

Cloud Functionsの環境変数は`.env.{firebase deployコマンドの--projectで指定されたプロジェクト名 or エイリアス名}`に設定します。

サンプルアプリの場合は`--project`オプションに`default`というエイリアス名を指定しているので、`.env.default`が環境変数ファイルとなります。

OpenAIのダッシュボードからOrganization IDを取得し、環境変数ファイルに設定します。

図12.8: OpenAI - Organization

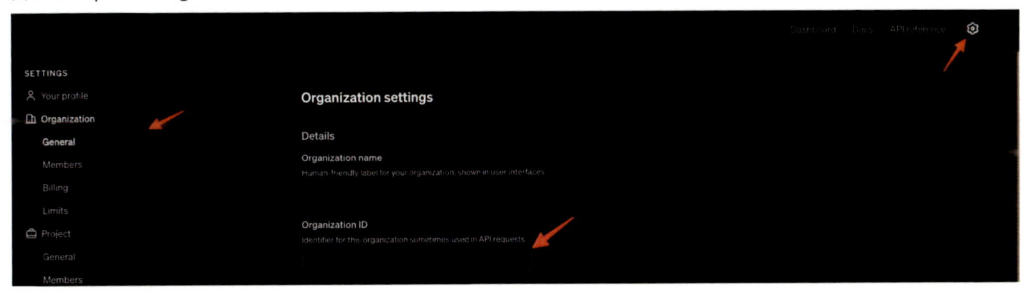

services/functions/.gitignore

```
  // 略
+ .env.default
```

services/functions/.env.default

```
OPENAI_ORGANIZATION_ID='xxxxxxxx'
```

追加した環境変数と同名の変数を`.env.local`ファイルにも設定しておきます。

functions/.env.local

```
OPENAI_ORGANIZATION_ID=''
```

これは、Cloud Functionsエミュレーター起動時に使用される環境変数です。エミュレーターで実際の値にアクセスする必要がない場合は、値は空でも問題ありません。

詳細はこちらを参照してください。
https://firebase.google.com/docs/functions/config-env?gen=2nd&hl=ja

12.3 生成AIモデルにGPTを追加する

OpenAIのAPIを実行する準備が整ったので、GPTとチャットをできるようにしていきます。
まずは選択可能なモデルとして、GPT-3.5-Turbo、GPT-4-Turboを追加します。

packages/shared/src/types/threadContent.ts

```
  // 略
+ export const models = ['gemini-pro', 'gpt-3.5-turbo', 'gpt-4-turbo'] as const;

  export type ThreadContentData = {
    createdAt: Timestamp;
    updatedAt: Timestamp;
-   model: 'gemini-pro';
+   model: (typeof models)[number];
    messages: Message[];
    uid: string;
  };
  // 略
```

ローカルパッケージを更新したので、ビルドします。

```
pnpm build:shared
```

12.4 OpenAIと連携する関数を作成する

OpenAIのGPTとチャットするための関数をCloud Functionsに作成します。

12.4.1 Cloud Functionsにパッケージをインストールする

必要なパッケージをインストールします。

```
pnpm functions add openai
```

12.4.2 環境変数用のユーティリティ関数を作成する

シークレット、環境変数にアクセスするためのユーティリティ関数を作成します。

services/functions/src/utils/env.ts

```
import { defineString, defineSecret } from 'firebase-functions/params';

const stringEnvs = ['OPENAI_ORGANIZATION_ID'] as const;
const arrayEnvs = [] as const;
const stringSecrets = ['OPENAI_API_KEY'] as const;

type StringEnvs = (typeof stringEnvs)[number];
type ArrayEnvs = (typeof arrayEnvs)[number];
```

```
type StringSecrets = (typeof stringSecrets)[number];
type Envs = StringEnvs | ArrayEnvs;
type Secrets = StringSecrets;
type Env<T> = T extends ArrayEnvs ? string[] : T extends StringEnvs |
StringSecrets ? string : undefined;

// NOTE:
// includesは型エラーになるのでfind使ってる
// https://github.com/microsoft/TypeScript/issues/31018
export const env = <T extends Envs | Secrets>(name: T): Env<T> => {
  if (stringEnvs.find((_) => _ === name)) return defineString(name).value() as
Env<T>;
  if (arrayEnvs.find((_) => _ === name)) return defineString(name).value().
split(', ') as Env<T>;
  if (stringSecrets.find((_) => _ === name)) return defineSecret(name).value() as
Env<T>;

  return undefined as Env<T>;
};
```

12.4.3 OpenAIのAPIを実行する関数を作成する

OpenAIのAPIを実行し、GPTからのメッセージを受け取る関数を作成します。

services/functions/src/openai.ts

```
import OpenAI from 'openai';
import { updateThreadContent, throttleUpdateThreadContent } from
'./models/threadContent.js';
import { env } from './utils/env.js';
import { onCall, logger, HttpsError } from './utils/firebase/functions.js';
import type { Message, ThreadContent } from '@local/shared';

export const openai = onCall<{ threadId: string; model: ThreadContent['model'];
messages: Message[] }>(
  { secrets: ['OPENAI_API_KEY'] },
  async ({ data: { threadId, model, messages }, auth }) => {
    if (!auth) {
      throw new HttpsError('unauthenticated', 'The function must be called while
authenticated.');
    }
```

```
    try {
      const openai = new OpenAI({ apiKey: env('OPENAI_API_KEY'), organization: 
env('OPENAI_ORGANIZATION_ID') });
      const stream = openai.beta.chat.completions.stream({
        model,
        messages: messages.map(({ role, contents }) => ({
          role: role === 'human' ? 'user' : 'assistant',
          content: contents[0].value,
        })),
        stream: true,
      });
      let content = '';
      for await (const chunk of stream) {
        content += chunk.choices[0].delta?.content ?? '';
        const newMessages: Message[] = [...messages, { role: 'ai', contents: [{ 
type: 'text', value: content }] }];
        await throttleUpdateThreadContent({ id: threadId, data: { messages: 
newMessages } });
      }
      throttleUpdateThreadContent.cancel();
      const chatCompletion = await stream.finalChatCompletion();
      const contentCompletion = chatCompletion.choices[0].message.content ?? '';
      const finalMessages: Message[] = [
        ...messages,
        { role: 'ai', contents: [{ type: 'text', value: contentCompletion }] },
      ];
      await updateThreadContent({ id: threadId, data: { messages: finalMessages } 
});
      return true;
    } catch (error) {
      logger.error('Failed to openai.', { error });
      throw new HttpsError('internal', 'Failed to openai.');
    }
  },
);
```

services/functions/src/index.ts

```
  // 略
  export * from './geminiPro.js';
+ export * from './openai.js';
```

連携先がOpenAIに変わっているだけで、やっていることはGemini Proのときと基本的には同じです。

12.4.4 Cloud Functionsをデプロイする

OpenAIと連携する関数ができたので、デプロイします。

```
pnpm deploy:functions
```

12.5 GPTとチャットできるようにする

作成した関数を使って、GPTとチャットできるようにします。

現状、生成AIモデルはGemini Proが固定されているので、モデルを選択可能にして、選択されたモデルに応じて使用する関数を呼び分けるようにします。

services/web/app/utils/firebase/functions.ts

```
// 略
  export const geminiPro = (request: GeminiProRequest) =>
httpsCallable<GeminiProRequest, boolean>('geminiPro')(request);
+
+ type OpenAIRequest = { threadId: string; model: ThreadContent['model'];
messages: Message[] };
+ export const openai = (request: OpenAIRequest) => httpsCallable<OpenAIRequest,
boolean>('openai')(request);
```

services/web/app/routes/_default._index/_components/Chat.tsx

```
+ import { models } from '@local/shared';
- import { Box, Center, Stack } from '@mantine/core';
+ import { Box, Center, Group, Select, Stack } from '@mantine/core';
  // 略
- import { useCallback, useMemo, useState } from 'react';
+ import { useCallback, useEffect, useMemo, useState } from 'react';
  // 略
- import { geminiPro } from '~/utils/firebase/functions';
+ import { geminiPro, openai } from '~/utils/firebase/functions';
```

```
  // 略
  export const Chat = ({ height }: { height: number }) => {
    // 略
    const uid = user!.uid;
+   const { ref: headRef, height: headHeight } = useElementSize();
    const { ref: formRef, height: formHeight } = useElementSize();
-   const scrollAreaHeight = height - formHeight - FORM_MARGIN * 2;
+   const scrollAreaHeight = height - headHeight - formHeight - FORM_MARGIN * 2;
    // 略
    const handleSubmit = useCallback(
      async ({ model, text }: FormValues) => {
        try {
          // 略
          if (isNewThread) {
            // 略
          } else {
-           await updateThreadContent({ id: threadContentRef.id, data: {
messages: arrayUnion(newMessage) } });
+           await updateThreadContent({ id: threadContentRef.id, data: { model,
messages: arrayUnion(newMessage) } });
          }
          form.setValues({ text: '' });
-         await geminiPro({
-           threadId: threadContentRef.id,
-           model,
-           messages: [...(threadContent?.messages ?? []), newMessage],
-         });
+         const newMessages = [...(threadContent?.messages ?? []), newMessage];
+         switch (model) {
+           case 'gemini-pro':
+             await geminiPro({ threadId: threadContentRef.id, model, messages:
newMessages });
+             break;
+           case 'gpt-3.5-turbo':
+           case 'gpt-4-turbo':
+             await openai({ threadId: threadContentRef.id, model, messages:
newMessages });
+             break;
+           default:
+             notify.error({ message: 'Model not found' });
+         }
```

```
        } catch (error) {
          // 略
        } finally {
          // 略
        }
      },
      [isNewThread, form, threadContent?.messages, uid, threadContentRef,
setSearchParams],
    );
    // 略
+   useEffect(() => {
+     if (threadContent?.model) {
+       form.setValues({ model: threadContent.model });
+     }
+     // eslint-disable-next-line react-hooks/exhaustive-deps
+   }, [threadContent?.model]);
+
    return (
+     <Box h={height}>
+       <Group justify='center' ref={headRef}>
+         <Select variant='unstyled' data={models} {...form.getInputProps('model')}
/>
+       </Group>
        <Stack gap={0} justify='space-between'>
          <Box h={scrollAreaHeight} className={classes.messages}
ref={scrollableRef}>
            {threadContent?.messages.map((message, index) => <ChatMessage
key={index} message={message} />)}
            {submitting && (
              <Center>
                <Loader />
              </Center>
            )}
            <div ref={targetRef} />
          </Box>
          <form>
            <ChatForm m={FORM_MARGIN} ref={formRef} form={form}
onSend={form.onSubmit(handleSubmit)} />
          </form>
        </Stack>
+     </Box>
```

```
  );
};
```

これで、GPTとチャットできるようになりました。
開発環境で実際に試してみましょう。

```
pnpm dev
```

図12.9: GPTとチャット

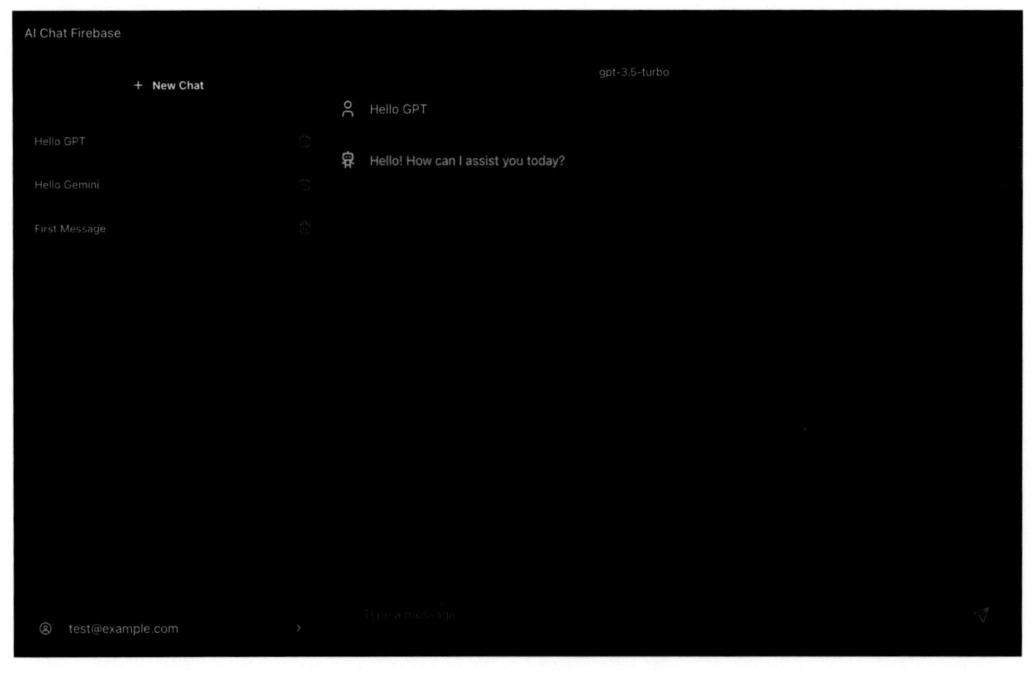

12.6 デプロイする

デプロイして、インターネット上でも利用できるようにしましょう。

```
pnpm deploy:web
```

これで、あなた専用のアプリでGPTともチャットできるようになりました。
同様の方法で、ほかの生成AI（AnthropicのClaude等）との連携や、LangChainを使った生成AIとの連携なども簡単にできますので、どんどん自分専用のアプリを拡張してみてください。

第13章　RAG

本章では、サンプルアプリにFirestoreのベクトル検索を利用したRAG（Retrieval-Augmented Generation）を組み込んでいきます。

RAGとは、生成AIの大規模言語モデル（LLM）によるテキスト生成に、外部情報の検索を組み合わせることで、回答精度を向上させる技術のことを言います。

FirestoreはRAGに適したベクトル検索の機能が用意されているため、アプリデータをFirestoreに格納している場合、RAG専用に別のデータベースを用意することなくアプリにRAGを組み込むことができます。

サンプルアプリでは、OpenAIの生成AIモデルとチャットする部分にRAGを組み込んでいきます。

実装するのは、生成AIが参考になりそうな過去のチャット履歴を提示してくれる機能です。

13.1　Firebase Admin SDKをアップグレードする

Firestoreのベクトル検索を使用するには、`@google-cloud/firestore`のバージョンを`7.6.0`以上に上げる必要があります。Firebase Admin SDKをアップグレードすることで、依存パッケージの`@google-cloud/firestore`も最新にアップグレードされますので、まずはFirebase Admin SDKをアップグレードします。

```
pnpm update firebase-admin --latest -r
```

13.2　ベクトルデータモデルThreadVectorの型を作成する

まずは、ベクトルデータを格納するモデルの形を作成します。

packages/shared/src/types/threadVector.ts

```
import type { Timestamp, WithId } from './firebase.js';
import type { VectorValue } from '@google-cloud/firestore';

export type ThreadVectorData = {
  updatedAt: Timestamp;
  uid: string;
  messages: VectorValue;
};
```

```
export type ThreadVector = WithId<ThreadVectorData>;
```

packages/shared/src/types/index.ts

```
  // 略
  export * from './threadVector.js';
```

ローカルパッケージを更新したので、ビルドします。

```
pnpm build:shared
```

過去のチャット履歴を検索するために、スレッド内のメッセージリストをベクトル化して格納していく想定です。

13.3 ThreadVectorモデルのユーティリティ関数を作成する

次に、ThreadVectorモデルのユーティリティ関数を作成します。

services/functions/src/models/threadVector.ts

```
import { getConverter, getFirestore, serverTimestamp } from
'../utils/firebase/firestore.js';
import type { ThreadVectorData } from '@local/shared';

export const threadVectorConverter = getConverter<ThreadVectorData>();

export const threadVectorsRef = () => getFirestore().collection('threadVectors').
withConverter(threadVectorConverter);

export const threadVectorRef = ({ id }: { id: string }) =>
threadVectorsRef().doc(id);

export const setThreadVector = async ({ id, data }: { id: string; data:
Partial<ThreadVectorData> }) =>
  threadVectorRef({ id }).set({ updatedAt: serverTimestamp(), ...data }, { merge:
true });
```

生成AIの回答が完了したタイミングで、都度、ベクトル化したメッセージリストを格納するので、ドキュメントの作成と更新の両方を行うことができるset関数を採用しています。

13.4 ベクトルデータを更新するタスクキュー関数を作成する

生成AIと連携するCloud Functions関数内でベクトルデータの作成を行うと、処理が重くなってしまう可能性があるため、ベクトルデータの生成はタスクキュー関数で行うようにします。

タスクキュー関数はCloud Taskを使用してタスクをキューに登録することで、非同期で実行できる関数です。

今回のように、特定の処理を切り出して非同期で実行したい場合に便利です。

services/functions/src/utils/openai.ts

```
import OpenAI from 'openai';
import { env } from './env.js';

export const embedding = async ({
  input,
  openai = new OpenAI({
    apiKey: env('OPENAI_API_KEY'),
    organization: env('OPENAI_ORGANIZATION_ID'),
  }),
}: {
  input: string;
  openai?: OpenAI;
}) => {
  const response = await openai.embeddings.create({
    model: 'text-embedding-3-small',
    encoding_format: 'float',
    input,
  });
  return response.data[0].embedding;
};
```

services/functions/src/utils/firebase/functions.ts

```
  /* eslint-disable @typescript-eslint/no-explicit-any */
+ import { getFunctions } from 'firebase-admin/functions';
  import { https, logger } from 'firebase-functions/v2';
  import { onCall as _onCall } from 'firebase-functions/v2/https';
  import { HttpsError } from 'firebase-functions/v2/identity';
+ import { onTaskDispatched as _onTaskDispatched } from 'firebase-functions/v2/ta
sks';
  import type { CallableOptions, CallableRequest } from 'firebase-functions/v2/ht
tps';
+ import type { TaskQueueOptions, Request } from 'firebase-functions/v2/tasks';
  // 略
+
+ type OnTaskDispatchedHandler = (request: Request) => Promise<void>;
+ const onTaskDispatched = (
```

```
+   optsOrHandler: TaskQueueOptions | OnTaskDispatchedHandler,
+   _handler?: OnTaskDispatchedHandler,
+ ) => {
+   const handler = _handler ?? (optsOrHandler as OnTaskDispatchedHandler);
+   return _onTaskDispatched({ region: defaultRegion, memory: '1GiB',
timeoutSeconds: 300, ...optsOrHandler }, handler);
+ };
+
+ const taskQueues = {
+   embeddingThreadContent: getFunctions().taskQueue(
+     `locations/${defaultRegion}/functions/taskQueues-embeddingThreadContent`,
+   ),
+ };

- export { https, logger, HttpsError, onCall };
+ export { https, logger, HttpsError, onCall, onTaskDispatched, taskQueues };
```

services/functions/src/taskQueues/embeddingThreadContent.ts

```
import { FieldValue } from 'firebase-admin/firestore';
import { setThreadVector } from '../models/threadVector.js';
import { onTaskDispatched } from '../utils/firebase/functions.js';
import { embedding } from '../utils/openai.js';
import type { ThreadContent } from '@local/shared';

export const embeddingThreadContent = onTaskDispatched(
  { secrets: ['OPENAI_API_KEY'] },
  async ({
    data: { id, uid, messages },
  }: {
    data: { id: string; uid: string; messages: ThreadContent['messages'] };
  }) => {
    const vector = await embedding({ input: JSON.stringify(messages) });
    await setThreadVector({ id, data: { uid, messages: FieldValue.vector(vector)
} });
  },
);
```

services/functions/src/taskQueues/index.ts

```
import { embeddingThreadContent } from './embeddingThreadContent.js';

export const taskQueues = {
```

```
  embeddingThreadContent,
};
```

functions/src/index.ts

```
  import './utils/firebase/app.js';
+ import { taskQueues as _taskQueues } from './taskQueues/index.js';

  process.env.TZ = 'Asia/Tokyo';

  export * from './geminiPro.js';
  export * from './openai.js';
+ export const taskQueues = { ..._taskQueues };
```

ベクトルデータの生成には、OpenAIのtext-embedding-3-smallモデルを使用しています。

13.5 タスクキュー関数にキューイングする

生成AIの回答完了時に、ベクトルデータの更新処理をキューイングします。

services/functions/src/openai.ts

```
  import OpenAI from 'openai';
  import { updateThreadContent, throttleUpdateThreadContent } from
'./models/threadContent.js';
  import { env } from './utils/env.js';
- import { onCall, logger, HttpsError } from './utils/firebase/functions.js';
+ import { onCall, logger, HttpsError, taskQueues } from './utils/firebase/func
tions.js';
  import type { ThreadContent } from '@local/shared';
  // 略
  export const openai = onCall<{ threadId: string; model: ThreadContent['model'];
messages: Message[] }>(
    { secrets: ['OPENAI_API_KEY'] },
    async ({ data: { threadId, model, messages }, auth }) => {
      // 略
      try {
        // 略
-       await updateThreadContent({ id: threadId, data: { messages: finalMessages
} });
+       await Promise.all([
+         updateThreadContent({ id: threadId, data: { messages: finalMessages }
}),
```

```
+         taskQueues.embeddingThreadContent.enqueue({ id: threadId, uid:
auth.uid, messages: finalMessages }),
+       ]);
        return true;
      } catch (error) {
        // 略
      }
    },
  );
```

13.6 類似スレッドと指示を生成AIに伝える

生成AIに回答を依頼する前に、ベクトル検索により、現在のメッセージと類似性の高いスレッドデータを取得するようにします。

取得したデータとそのデータを使って何をしてもらいたいかの指示をシステムプロンプトで生成AIに伝えることで、指示に沿った回答内容を得られます。

```
pnpm functions add dedent
```

services/functions/src/utils/firebase/firestore.ts

```
  import { FieldValue, getFirestore as _getFirestore } from
'firebase-admin/firestore';
+ import type { VectorQuery } from '@google-cloud/firestore';
  import type { WithId } from '@local/shared';
  import type {
    // 略
    WithFieldValue,
+   CollectionReference,
+   DocumentReference,
+   Query,
  } from 'firebase-admin/firestore';
  // 略
- export { serverTimestamp, getConverter, getFirestore };
+ const getDocumentData = async <T>(ref: DocumentReference<T>) =>
+   ref.get().then((doc) => ({ data: { id: doc.id, ...doc.data() } as WithId<T>,
exists: doc.exists }));
+
+ const getCollectionData = async <T>(query: CollectionReference<T> | Query<T> |
VectorQuery<T>) =>
+   query.get().then(({ docs }) => docs.map((doc) => ({ id: doc.id, ...doc.data()
```

```
}) as WithId<T>));
+
+ export { serverTimestamp, getConverter, getFirestore, getDocumentData,
getCollectionData };
```

services/functions/src/openai.ts

```
+ import dedent from 'dedent';
  import OpenAI from 'openai';
- import { updateThreadContent, throttleUpdateThreadContent } from
'./models/threadContent.js';
+ import { updateThreadContent, throttleUpdateThreadContent, threadContentRef }
from './models/threadContent.js';
+ import { threadVectorsRef } from './models/threadVector.js';
  import { env } from './utils/env.js';
+ import { getCollectionData, getDocumentData } from './utils/firebase/firestore
.js';
  import { onCall, logger, HttpsError, taskQueues } from './utils/firebase/functi
ons.js';
+ import { embedding } from './utils/openai.js';
  import type { Message, ThreadContent } from '@local/shared';
+ import type { ChatCompletionMessageParam } from 'openai/resources/index.mjs';

  export const openai = onCall<{ threadId: string; model: ThreadContent['model'];
messages: Message[] }>(
    { secrets: ['OPENAI_API_KEY'] },
    async ({ data: { threadId, model, messages }, auth }) => {
      // 略
      try {
        const openai = new OpenAI({ apiKey: env('OPENAI_API_KEY'), organization:
env('OPENAI_ORGANIZATION_ID') });
+       const query = await embedding({ input: JSON.stringify(messages.at(-1)),
openai });
+       const similarVectors = await getCollectionData(
+         threadVectorsRef()
+           .where('uid', '==', auth.uid)
+           .findNearest('messages', query, { limit: 4, distanceMeasure: 'COSINE'
}),
+       );
+       // NOTE: 不等式フィルターとベクトル検索の組み合わせがサポートされていないのでここで同
じthreadIdを除外している
+       const similarThreadContents = await Promise.all(
```

```
+         similarVectors
+           .filter(({ id }) => id !== threadId)
+           .map(async ({ id }) => (await getDocumentData(threadContentRef({ id
}))).data),
+       );
+       const instruction = dedent(`
+         # Instruction
+         1. Analyze the provided past thread data.
+           - The data is provided in JSON format.
+           - Each thread is stored with its thread ID as the key.
+         2. Search for content similar to the current question in the past
thread data.
+         3. If a similar question is found, determine if it meets the following
condition:
+           - The answer to the similar question can be considered effective for
the current question.
+         4. If the condition is met, generate a response following these steps:
+           a. Generate the response in the same language as the input.
+           b. Format the response according to the specified response format.
+           c. Translate the fixed phrases in the response format to the same
language as the input.
+           d. Include a list of all the thread IDs that meet the condition in
the response format, each as a separate bullet point.
+         5. If no similar question is found or the condition is not met,
generate a response to the current question as usual.
+
+         # Response Format
+         {Current answer}
+         The following responses might also be helpful for reference:
+         - <https://${process.env.GCLOUD_PROJECT}.web.app/?threadId={threadID1}>
+         - <https://${process.env.GCLOUD_PROJECT}.web.app/?threadId={threadID2}>
+         ...
+         - <https://${process.env.GCLOUD_PROJECT}.web.app/?threadId={threadIDN}>
+         # Past Thread Data
+         ${JSON.stringify(
+           similarThreadContents.reduce(
+             (acc, { id, messages }) => ({
+               ...acc,
+               [id]: messages.map(({ role, contents }) => [role,
contents[0].value]),
+             }),
```

```
+              {},
+            ),
+          )}
+        `);
        const stream = openai.beta.chat.completions.stream({
          model,
-         messages: messages.map(({ role, contents }) => ({
-           role: role === 'human' ? 'user' : 'assistant',
-           content: contents[0].value,
-         })),
+         messages: [
+           { role: 'system', content: instruction },
+           ...messages.map(({ role, contents }) => ({
+             role: role === 'human' ? 'user' : 'assistant',
+             content: contents[0].value,
+           })),
+         ] as ChatCompletionMessageParam[],
          stream: true,
        });
        // 略
      } catch (error) {
        logger.error('Failed to openai.', { error });
        throw new HttpsError('internal', 'Failed to openai.');
      }
    },
  );
```

このように、メッセージにシステムプロンプトを追加することで、生成AIの回答をある程度コントロールできます。

システムプロンプトを英語にしているのは、日本語よりも英語のほうが少ないトークン数で正確に指示を伝えることができるからです。

13.7 ベクトルデータを削除する

ベクトル検索の準備はできましたが、今のままだとスレッドを削除してもベクトルデータが残ってしまうので、スレッド削除時にベクトルデータも削除するようにしておきます。

ベクトルデータの削除は、スレッド削除のトリガー関数で行います。

トリガー関数は、Firestoreデータ更新等のイベント発生時に自動実行されるCloud Functions関数です。

今回のように、特定のFirestoreコレクションのドキュメントが更新されたタイミングで別のコレクションのドキュメントを非同期に変更したい場合などに便利です。

services/functions/src/models/threadVector.ts

```
  // 略
+
+ export const deleteThreadVector = async ({ id }: { id: string }) =>
threadVectorRef({ id }).delete();
```

services/functions/src/utils/firebase/functions.ts

```
  // 略
  import { https, logger } from 'firebase-functions/v2';
+ import { onDocumentDeleted as _onDocumentDeleted } from
'firebase-functions/v2/firestore';
  import { onCall as _onCall } from 'firebase-functions/v2/https';
  import { HttpsError } from 'firebase-functions/v2/identity';
  import { onTaskDispatched as _onTaskDispatched } from 'firebase-functions/v2/ta
sks';
+ import type { DocumentOptions, FirestoreEvent, QueryDocumentSnapshot } from
'firebase-functions/v2/firestore';
  // 略
+ type OnDocumentDeletedHandler = (event: FirestoreEvent<QueryDocumentSnapshot |
undefined>) => Promise<void>;
+ const onDocumentDeleted = (opts: DocumentOptions, handler:
OnDocumentDeletedHandler) => {
+   return _onDocumentDeleted({ region: defaultRegion, memory: '1GiB',
timeoutSeconds: 300, ...opts }, handler);
+ };
+
  type OnTaskDispatchedHandler = (request: Request) => Promise<void>;
  // 略
- export { https, logger, HttpsError, onCall, onTaskDispatched, taskQueues };
+ export { https, logger, HttpsError, onCall, onDocumentDeleted,
onTaskDispatched, taskQueues };
```

services/functions/src/firestore/thread/onDocumentDeleted.ts

```
import { deleteThreadVector, threadVectorRef } from '../../models/threadVector.js';
import { getDocumentData } from '../../utils/firebase/firestore. js';
import { onDocumentDeleted as _onDocumentDeleted } from '../../utils/firebase/func
tions.js';

export const onDocumentDeleted = _onDocumentDeleted({ document: 'threads/{id}' },
```

```
async (event) => {
  const { id } = event.params;
  const { exists } = await getDocumentData(threadVectorRef({ id }));
  exists && (await deleteThreadVector({ id }));
});
```

services/functions/src/firestore/thread/index.ts

```
import { onDocumentDeleted } from './onDocumentDeleted.js';

export const thread = {
  onDocumentDeleted,
};
```

services/functions/src/firestore/index.ts

```
import { thread } from './thread/index.js';

export const firestore = {
  thread,
};
```

services/functions/src/index.ts

```
  import './utils/firebase/app.js';
+ import { firestore as _firestore } from './firestore/index.js';
  import { taskQueues as _taskQueues } from './taskQueues/index.js';

  process.env.TZ = 'Asia/Tokyo';

  export * from './geminiPro.js';
  export * from './openai.js';
+ export const firestore = { ..._firestore };
  export const taskQueues = { ..._taskQueues };
```

これで、スレッド削除時にベクトルデータも削除されるようになりました。

13.8 ベクトル検索用のインデックスを作成する

最後に、ベクトル検索に必要なインデックスをgcloudコマンドで作成します。

```
gcloud alpha firestore indexes composite create --project={プロジェ
クトID} --collection-group=threadVectors --query-scope=COLLECTION
--field-config=field-path='uid',order='ASCENDING' --field-config=vector-config='{"
```

```
dimension":"1536","flat": "{}"}',field-path='messages'
```

コマンドが正常終了したら、インデックスが作成されています。

図 13.1: Firestore インデックス

作成したインデックスは、エクスポートしてコードに取り込んでおきましょう。

```
pnpm export:indexes
```

firestore.indexes.json

```
  {
    "indexes": [
      // 略
+     },
+     {
+       "collectionGroup": "threadVectors",
+       "queryScope": "COLLECTION",
+       "fields": [
+         {
+           "fieldPath": "uid",
+           "order": "ASCENDING"
+         },
+         {
+           "fieldPath": "messages",
+           "vectorConfig": {
+             "dimension": 1536,
+             "flat": {}
+           }
+         }
+       ]
      }
    ],
    "fieldOverrides": []
```

```
}
```

ちなみに、`firestore.indexes.json`ファイルに設定されているインデックスがFirebaseプロジェクトに存在しない場合、デプロイ時に不足しているインデックスは作成されるので、`gcloud`コマンドを実行せず、上記のコードをコピー&ペーストしてデプロイするだけでもインデックスは作成可能です。

13.9 デプロイする

デプロイして動作を確認してみましょう。

```
pnpm deploy:functions
pnpm deploy:web
```

トリガー関数を初めてデプロイする際、Eventarc Service Agentの準備が間に合わずにデプロイが失敗する場合があります。その場合は、Eventarc Service Agentの準備が整ったらデプロイできますので、しばらく待ってからCloud Functionsのデプロイを再実行してください。

まずは、ベクトルデータが生成されることを確認します。

図13.2: 生成AIとチャット

GPTとチャットすることで、ベクトルデータが生成されることが確認できます。

図 13.3: Firebase コンソール

ベクトルデータが生成できたところで、同じ質問をGPT-4に対して行います。

図 13.4: 同じ質問

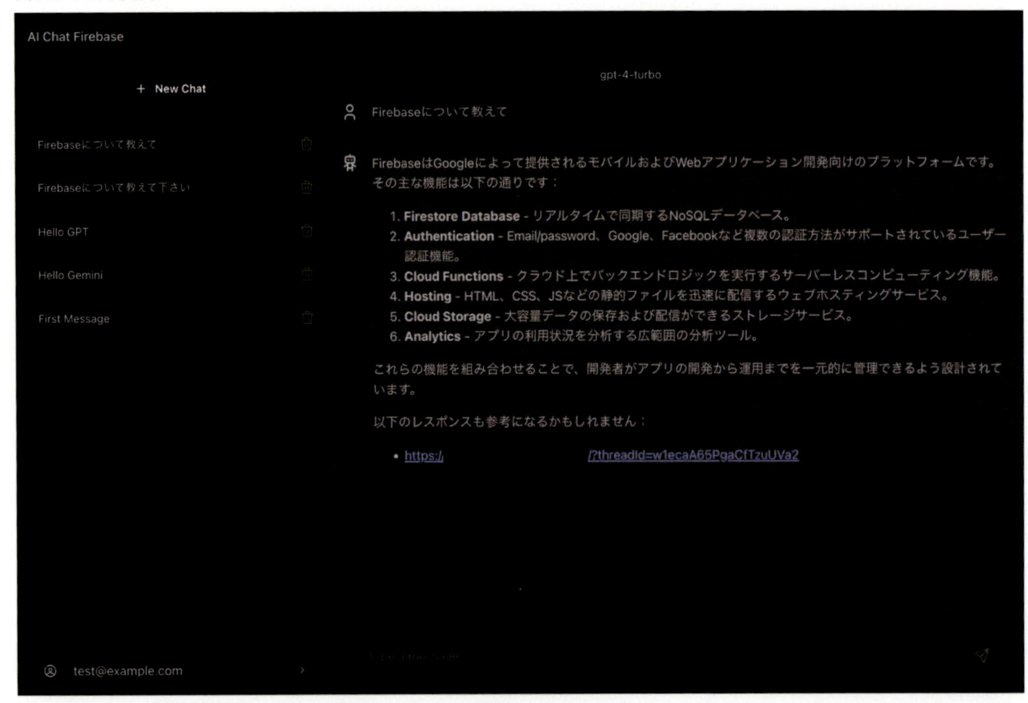

指示通り、過去の似たようなスレッドを提示してくれています。

ちなみに、先ほどGPT-4を指名したのは、GPT-3.5で同じことをやってみても思うような結果が得られなかったためです。

こちらの指示を理解して回答してもらうような複雑な使い方をする場合は、やはりGPT-4のほうがかなり精度は高そうです。

次は、過去のスレッドと関連しそうな質問をGPT-4に対して行ってみます。

図13.5: 類似の質問

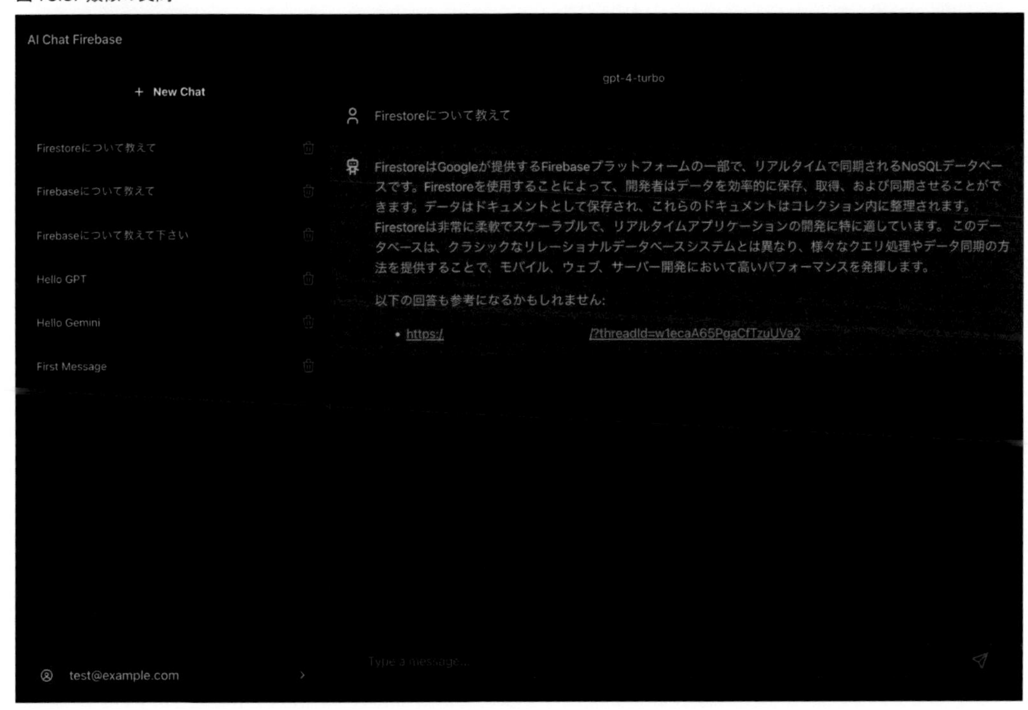

こちらも、関連しそうな過去のスレッドを提示してくれています。

最後に、過去のスレッドとは関係ない質問をGPT-4に対して行ってみます。

図13.6: 初めての質問

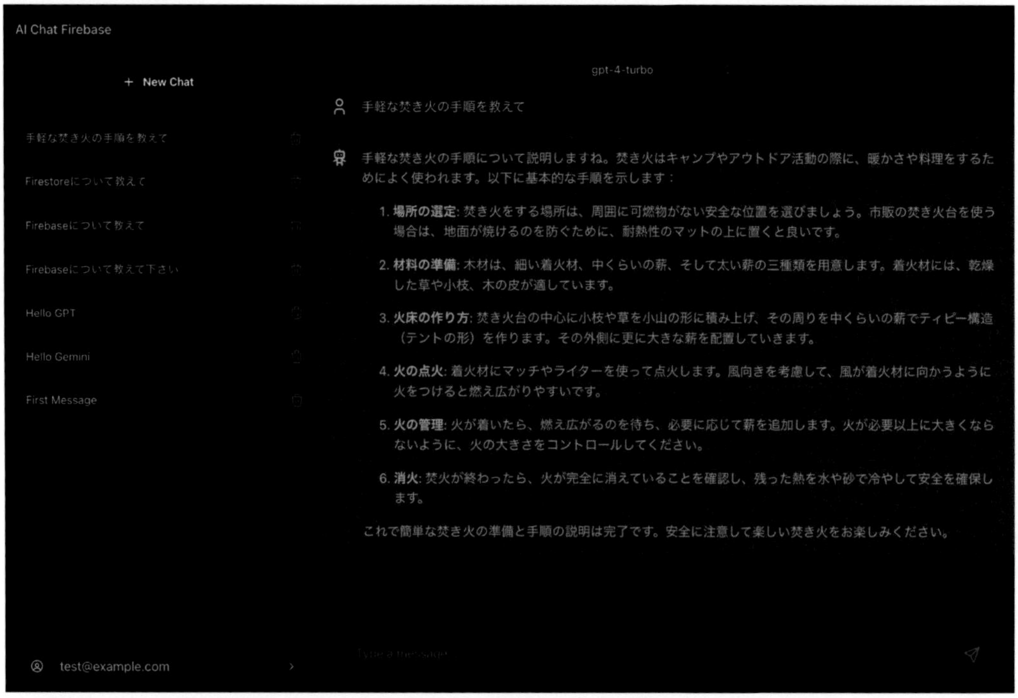

過去のチャットは参考にならないと、正しく判断してくれているようです。

これで、生成AIチャットアプリにRAGを組み込むことができました。

本機能がなくても生成AIチャット自体は問題なく動作しますので、Google CloudやOpenAIの利用料金が気になる場合は、動作確認できたところで、本機能を削除しても問題ありません。

単体でも十分強力な生成AIですが、RAGと組み合わせることで、できることの幅が格段に広がりますので、ぜひいろいろと試してみてください。

終わりに

AI Chat Firebaseは楽しんでいただけたでしょうか？

本書ではRemixのSPAモードしか紹介していませんが、RemixはSPAからSSRへの移行もしやすくなっています。

また、Firebase（Google Cloud）は今回紹介したFirebase HostingによるSPAアプリのホスティングだけでなく、Cloud Runを用いたSSRアプリも実現可能となっています。

FirebaseとRemixを組み合わせることで、スピード感が求められるプロダクトの初期フェーズにおいてはサクッとSPAモードでアプリを開発していき、必要になったタイミングでSSRに移行するといった、まさに「持続可能なFirebaseプロジェクト」を実現できます。

生成AIの側面から見ても、専用のデータストアを用意することなくベクトル検索によるRAGの実現が可能なFirestoreは非常に魅力的、かつ、現実的な選択肢になりうると考えています。

いよいよFirebaseの武器が出そろってきた感がありますので、読者の皆様もぜひFirebaseに注目していってください。

著者紹介

広上 將人（ひろかみ まさと）

株式会社ソニックガーデン所属のプログラマー。富山県在住。ソニックガーデンのFirebase大好き集団FireStarterのメンバーとしても活動中。完璧なコードを目指してプログラミングに勤しんでいるが、自分の中の完璧が日々更新されるため一生完璧になることはなさそう。

◎本書スタッフ
アートディレクター/装丁：岡田章志＋GY
編集協力：山部沙織
ディレクター：栗原 翔
〈表紙イラスト〉
べこ
屋号：べころもち工房。デザイナー。「暖かくて優しい、しなやかなコミュニケーションを」をモットーに活動している。ゆるキャラとダムが好き。2児の母。群馬県在住。
サイト：https://becolomochi.com
X：@becolomochi

技術の泉シリーズ・刊行によせて
技術者の知見のアウトプットである技術同人誌は、急速に認知度を高めています。インプレス NextPublishingは国内最大級の即売会「技術書典」（https://techbookfest.org/）で頒布された技術同人誌を底本とした商業書籍を2016年より刊行し、これらを中心とした『技術書典シリーズ』を展開してきました。2019年4月、より幅広い技術同人誌を対象とし、最新の知見を発信するために『技術の泉シリーズ』へリニューアルしました。今後は「技術書典」をはじめとした各種即売会や、勉強会・LT会などで頒布された技術同人誌を底本とした商業書籍を刊行し、技術同人誌の普及と発展に貢献することを目指します。エンジニアの"知の結晶"である技術同人誌の世界に、より多くの方が触れていただくきっかけになれば幸いです。

インプレス NextPublishing
技術の泉シリーズ　編集長　山城 敬

●お断り
掲載したURLは2024年9月1日現在のものです。サイトの都合で変更されることがあります。また、電子版ではURLにハイパーリンクを設定していますが、端末やビューアー、リンク先のファイルタイプによっては表示されないことがあります。あらかじめご了承ください。
●本書の内容についてのお問い合わせ先
株式会社インプレス
インプレス NextPublishing　メール窓口
np-info@impress.co.jp
お問い合わせの際は、書名、ISBN、お名前、お電話番号、メールアドレス に加えて、「該当するページ」と「具体的なご質問内容」「お使いの動作環境」を必ずご明記ください。なお、本書の範囲を超えるご質問にはお答えできないのでご了承ください。
電話やFAXでのご質問には対応しておりません。また、封書でのお問い合わせは回答までに日数をいただく場合があります。あらかじめご了承ください。

●落丁・乱丁本はお手数ですが、インプレスカスタマーセンターまでお送りください。送料弊社負担にてお取り替えさせていただきます。但し、古書店で購入されたものについてはお取り替えできません。
■読者の窓口
インプレスカスタマーセンター
〒 101-0051
東京都千代田区神田神保町一丁目 105番地
info@impress.co.jp

技術の泉シリーズ

Remix × Firebaseで始める生成AIアプリ開発

2024年10月11日　初版発行Ver.1.0（PDF版）

著　者　広上 將人
編集人　山城 敬
企画・編集　合同会社技術の泉出版
発行人　高橋 隆志
発　行　インプレス NextPublishing
〒101-0051
東京都千代田区神田神保町一丁目105番地
https://nextpublishing.jp/
販　売　株式会社インプレス
〒101-0051　東京都千代田区神田神保町一丁目105番地

印刷・製本　京葉流通倉庫株式会社
Printed in Japan

ISBN978-4-295-60342-9

NextPublishing®
◉インプレス NextPublishingは、株式会社インプレスR&Dが開発したデジタルファースト型の出版モデルを承継し、幅広い出版企画を電子書籍+オンデマンドによりスピーディで持続可能な形で実現しています。https://nextpublishing.jp/